中國兵學大系

兵謀兵法

《兵謀》
《兵法》
《乾坤大略》

李浴日◎選輯

【09】

兵謀

寧都魏　禧冰叔

凡兵有可見有不可見可見曰法不可見曰謀法而弗謀猶搏虎以梃及而不設阱也謀而弗法猶察脈觀色而亡方劑也左氏之兵爲謀三十有二曰和曰息曰量曰忍曰弱曰彊曰致曰畏曰防曰需曰疾曰久曰激曰斷曰聽曰詭曰信曰諜曰閒曰內曰釁曰偪曰與曰脅曰假曰名曰辭曰備曰法曰同曰本曰保何謂和上下禮讓同心是也爭車之役潁考叔以

蝥弧先登子都射而顛之非瑕叔盈則鄭師可以喪敗矣隱十一 故鬬廉曰師克在和不在衆桓十一 是故被廬之蒐也狐偃讓毛趙衰讓欒枝先軫而文公霸諸侯僖廿七 緜上之蒐也士匄讓伯游韓起欒黶讓趙武民和而諸侯遂睦襄十三 城濮之役晉少長有禮勝楚僖廿八 邲之役楚卒乘輯睦勝晉故晉郤至曰二憾往必敗楚孫叔敖反旆而先薄晉軍宣十二 鄢陵之役晉卑讓有禮勝楚二卿相惡敗成十六 棫林之役晉中軍下軍不和故無功襄十四 平陰之役殖綽郭最面縛襄十

八故孟獻子曰晉師乘和師必有大功成十三鄭子展
曰晉君方明八卿和睦必不棄鄭襄八楚鬬辛曰不和
不可以遠征吳爭于楚必有亂定五子囊曰上讓下
競晉不可敵也襄九是以崇卒之役魏舒斬荀吳之嬖
人而不怨故敗狄昭元豬邱之役鄭翩願爲鸛御願爲
鵝故華氏敗昭廿一炊鼻之役林雍羞失耳顏鳴三入
齊師而呼之故季氏不敗子囊野洩相叱故齊無功昭廿
六夷儀之役東郭書王猛和故克定九范宣子讓其
下皆讓襄十三趙簡子不讓下皆自伐哀二故范文子後

入 成二 而孟之側地矢策馬 哀十一 輿國之師輯睦是也

入鄭之役蔡人怒而敗 隱廿 楚人驚巴師而巴人叛 桓九

秦竊與鄭盟而晉師去 僖三十 鍾離之役七國同役而

不同心 昭廿三 棘澤之役宛射犬幾陷髂蹀 襄廿四 是以

諸侯睦于晉而麻隧勝 成十三 汾之役楚子庚曰諸侯

睦于晉而請嘗之 襄十八 何謂息息民而用之也是故

衛州吁阻兵安忍而衆叛 隱四 宋殤公十年十一戰而

華督弑 桓二 士蔿曰虢公必棄其民無衆而後伐之 莊廿

七卜偃曰必易晉而不撫其民不可以五稔 僖二 申叔

時曰楚內棄其民必敗（成十六）沈尹戌曰楚必亡邑不無民而勞之（昭廿四）魏絳和戎曰民狎其野（襄四）晉悼公息民三駕而楚不能爭是以知武子曰修德息師而來終必獲鄭我之不德民將棄我（襄九）王官之役孟明重施于民（文二）荒浦之役蘧子馮請息民以待其卒（襄廿四）宋之盟向戌欲弭諸侯之兵以為名陳文子曰弭兵而我弗許則固攜吾民矣（襄廿七）故楚平王不伐吳以爭州來息民五年而後用師（昭十三）吳夫差視民如仇而用之日新是以滅于越（哀廿二）何謂量量已之謂

量量諸人之謂量秦桓公伐晉晉侯略狄土而使魏顆敗秦于輔氏者量也（宣十五）楚伐鄭子產曰晉楚將平不如使逞而歸于是鄭人不禦寇者量也（襄廿六）是故諸侯之戍謀出華氏以爲楚功（昭廿二）衞人度五伐可以戰而叛晉（定八）陽虎舍五父之衢寢而爲食（定八）苑羊牧之使庚輿過烏存（昭廿二）冉有曰魯之羣室衆于齊之兵車（哀十一）孔子曰以魯之衆加齊之半可克也（哀十四）萊章曰君暴政卑天奉多矣又焉能進（哀廿四）郲意茲曰縊不三月不能出河（定十三）皆量也是故不量

必敗息侯不度德量力以伐鄭隱十一　黃人不共楚職僖十二　滑人叛鄭僖廿四　隨以漢東諸侯叛楚僖廿　衞孔達伐晉文元　救陳宣十四　鄭侵晉虛滑成十七　衞侵齊而戰于新築成二　楚伐陳聞喪而還陳不聽命襄十七　陳恃積聚而侵楚哀十七　莒敗齊于壽餘昭廿二　蕭殺熊相宜僚公子丙宣十三　龍殺盧蒲就魁成二　莒殺公子平成九　鄭侵蔡而獲公子燮襄八　公徒敗于且知昭廿七　巴人伐楚而敗于鄾哀十八　雖肰量而後進諸侯伐鄭聞首止之師而還圍鄭聞汝上之師而還成十七　楚伐宋遇台谷之師

而還成十八 晉救陳宋遇北林之師而還宣元 者弱也何謂忍晉伯宗曰國君含垢是也今夫能勝人者必能下人故孔子曰小不忍則亂大謀是故鄭伯肉袒牽羊而楚莊王曰其君能下人必能信用其民襄十二 息以違言伐鄭而大敗隱十一 以弗賓傾蔡而滅國喪夫人也莊十 故城濮之役楚子入居申僖廿八 王官之役晉人不出文三 豚澤之役衛人不伐魯師定六 邲之戰士會曰知難而退先縠反之是以大敗宣十三 華元殺申舟而宋國斃宣十五 重邱人詬孫蒯而喪邑襄十七 曹人詬

子肥而宋公還滅曹（哀八）魯昭公伐季平子而出（昭廿五）是故能忍者師有所不戰城有所不攻桑隧之役晉三卿曰成師以出而敗楚之二縣何榮之有若不能敗爲辱已甚（成六）陽陵之役荀罃曰我寔不能禦楚又不能庇鄭戰而不克爲諸侯笑（襄十）偪陽之役荀罃曰城小而固勝之不武弗勝爲笑（襄十）鄭駟宏曰知伯愎而好勝早下之則可行也（哀廿七）趙襄子曰以能忍恥庶無害趙宗故曰知伯貪而愎故韓魏反而喪之（哀廿七）

七何謂弱强而示之弱以驕之是也晉士蔿不報虢

曰虢公驕必棄其民莊廿七　文公退三舍以驕子玉僖廿八　闘伯比請羸楚師以張隨桓六　鄭莊公縱叔段使自斃隱元　中行桓子盈赤狄之貫宣六　是以闘椒救鄭趙盾曰姑益其疾而去之宣二　楚侵鄭衞韓厥不報曰使重其罪民將叛之是以有鄢陵之師成十五　海涇之役齊侯曰是好勇去之以爲之名襄十六　陽陵之役知武子曰我逃楚楚必驕驕則可與戰矣襄十　吳使舒鳩誘楚而伐桐曰爲我使之無忌定三　故楚師于棠吳人不出而子囊以吳爲不能襄十四　何謂彊弱而示之彊以懾

之是也是故楚子敗津而鬻拳脅以伐黃莊十九楚大飢而蔿賈請出師以罷百濮文十六新城之役郤缺曰君弱不可以怠而入蔡文十五扈之盟鄭子家曰將悉敝賦以待于儵文十七爰婁之盟齊賓媚人曰請收合餘燼背城借一成二三戶之役楚人曰將通于少習以聽命哀四然不可以彊而彊者殆說在陳文子謂齊將有寇兵不戢必取其族襄廿四孟獻子謂鄭師競已甚而有災襄十不可以弱而弱者衰說在楚圍宋而晉師不起宣十五孔子告哀公討陳恒而不從也哀十四何謂

致我欲戰敵不欲戰而致其師是也城濮之役分曹衞之田以畀宋拘宛春以怒楚僖廿八河曲之役晉深壘固軍而士會請使輕者肆焉文十二棘澤之役晉使張骼輔躒致楚師襄廿四邲之役楚使許伯樂伯攝叔致晉師定十二吳使舒鳩誘楚而爲之伐桐定二邯鄲午侵齊以致其師而歸衞貢定十三何謂畏我大而畏我衆而畏我彊而畏我勝而畏我謀成而畏故曰弗畏人畏汋陵所謂恃者必敗也見前篇是以齊師敗績曹劌視其轍亂旗靡而後逐之莊十趙簡子克鄭傅傁以

爲知在而憂未艾（哀二）鄭敗楚師于棼柳而子良憂其災者（宣九）畏之至也故鬬伯比曰莫敖必敗舉趾高心不固（桓十三）蔿賈曰子玉剛而無禮必敗（僖廿七）王孫滿曰秦師輕而無禮必敗（僖三十三）褚師圃曰齊侯克敵而驕必敗（定九）欒書曰楚君日討國人而訓之于禍至之無日勝不可保戒懼之不可怠是以邲之戰趙旃席于軍門之外而晉師敗楚大勝而莊王謙詞求助于唐侯（宣十二）故舟師繫揚再敗而子西喜其可爲者（定六）敗而畏也飲穀陽豎之酒醉不能見者敗而不畏也

成十六非兵而如兵之謂防凡伯朝魯戎伐之楚丘以
歸隱七齊侯鄭伯朝紀而欲襲之桓五楚子以食入享而
滅息莊十五晉館于虞以襲虞僖五邾大夫戕鄫子于坐
宣十八慶舍嘗而殺襄廿八餘祭觀舟而越俘弑襄廿九荀
吳假道以入晉陽昭十二白公獻戰備以作亂哀十六宋
大尹興空澤之甲以劫六卿哀廿六是故乘其不意見兵
法人以詭我者見後皆不可不防楚師在郊鄭人登陴
伍舉逆女鄭請為墠昭元宋將有災備兵庀武襄九
二子知謀完守入保襄十八鄭國火作授兵登陴昭十八

遲而待之之謂需郕降齊師魯莊公曰姑務修德以待時是也莊八救宋之役伯宗曰楚未可與爭君其待之宣十五鄢陵之役姚句耳曰其行速速則失志成十六白公之亂沈諸梁曰偏重必離聞其殺齊管修也而後入哀十六戲之役知武子曰修德息師而來終必獲鄭何必今日襄九邲之役桓子曰楚歸而動不後宣十二泓上之役太子友曰戰而不克國將亡請待之哀十三先穀彌庸反之是以大敗萊門之役景伯曰吳輕而遠不能久請待之季孫不從是以有城下之盟哀八是

敌當需而需者齊桓公伐楚師次召陵而不進是也僖四不當需而需者叔孫豹帥師救晉而次于雍榆是也襄廿三且夫兵有需焉以老其師者鄢陵之役欒書請固壘而待之成十六河曲之役臾駢請深壘固軍以老秦師文十二伐鄭之役子展請完守以老楚襄八雖然吾之師則不可以老故鄭申侯曰師老矣出于東方而遇敵不可用也僖四晉軍吏曰楚師老矣何故退僖廿八鄭皇戌曰楚師老矣而不設備擊之必敗宣十二急而乘之之謂疾速杞之役隨少師有寵鬬伯比曰敵

有釁不可失也（桓八）采桑之役里克不從狄虢射曰期年狄必至（僖八）曲梁之役伯宗曰必伐之後人或將敬奉德義而若何待（宣十五）牛首之役齊太子光先至于師而長滕侯（襄十）離城之役子彊曰久將墊隘不如速戰（襄廿五）郱意茲請伐河內曰絳不三月不能出河則我既濟水矣（定十三）國參請救于陳成子曰大國在敝邑之宇下是以告急今師不行恐無及也而成子立阪鞭馬（哀廿七）蔡公入楚以籓爲軍（昭十三）楚爲一昔之期以襲梁霍（哀四）是故當需者不可以疾當疾者不可

以需需不害疾疾不害久何謂久持久以要之是也楚伐宋築室反畊者而宋盟宣十五諸侯伐鄭歸老幼居疾于虎牢而鄭服襄九靡角之役歸老幼反孤疾襄廿六寒氏之役衞侯城其西北而守之午衆宵熸定十楚子圍蔡里而栽蔡人男女以辨哀元何謂激自抑以作其怒是也速杞之役季梁請下之以怒我而怠寇桓八韓之役韓簡曰三施無報今又擊之我怠秦奮僖十五二君不從故及于敗是以狄伐衞文公以國讓父子兄弟而後師于訾婁僖十八楚伐庸師叔曰彼驕我怒

而後可克文十六冉求再問不對而孟武伯退而蒐乘哀十一何謂斷不疑也人雖疑之我終不疑故曰決者事之斷也是以舍庫之役陳子行抽劍曰需事之賊也哀十四蒲騷之役鬬廉不請濟師不更卜桓十一衛大旱甯莊子請伐邢僖十九伯宗必伐潞宣十五郤克必戰鄢陵成十六楚昭王必救陳哀十趙鞅荀瑤不卜伐齊哀十哀廿三齊侯駕而走郵棠太子光抽劍斷鞅襄十八鐵之戰晉龜焦而樂丁不順哀二中牟之役衞龜焦而衞侯過之定九楚惠王以舊卜將公孫寧哀十八且夫將在軍

君命有所不受故夫概王曰臣義而行不待命以其屬五千擊子常之卒定四孫叔敖欲還則南轅反旆宣十二士匄伐齊聞喪而還不以請諸君也襄十九是故當斷而不斷必敗城濮之役楚子命子玉去宋而與之卒僖廿八邲之役桓子欲還而聽韓厥以分惡宣十二是也不當斷而斷必敗子玉違命以戰城濮先穀專行以戰邲是也何謂聽聽聽也或聽于衆或聽于賢或聽于能或聽于尊不聽則敗聽于私則敗屈瑕狥于師曰諫者有刑是以殲于羅桓十三韓原之役晉惠公

不聽慶鄭僖十五泓之役宋襄公不聽子魚僖廿二城濮之役子玉不聽楚衆僖廿八秦穆公不聽蹇叔僖三十二先穀魏錡趙旃不聽荀林父宣十二欒黶不聽伯游襄十四孫良夫不聽石稷成二范中行不聽高彊定十三楚子常不聽沈尹戌定四慶舍愎而死于太公之廟襄廿八昭公不聽子家羈而敗于且知昭廿七夫差不聽子胥而越沼吳哀元此不聽則敗者也荀林父聽韓厥宣十二子常聽史皇定四此聽于私則敗者也長勺聽曹劌莊十城濮聽先軫子犯僖廿八此聽能者也背鄰聽輿人僖廿八戲

聽諸侯（襄九）此聽衆者也魏絳從欒伯（襄十四）荀偃士匄從知伯（襄十）此聽尊者也救宋之役聽伯宗（宣十五）虎牢之役聽孟獻子（襄二）狄之滅也聽桓子（宣十五）戎之和也聽魏絳（襄四）此聽賢者也聽人者莫尚賢賢則尊賢則能賢則衆或曰賢則衆奈何一賢人謀之衆人違之以聽則不公不公不順不順事不成賢則衆奈何魏子曰夫聽人者莫尚賢矣欒書侵蔡（成六）楚救之將戰荀首士燮韓厥諫曰不可乃遂還于是軍帥入戰者衆或曰聖人與衆同欲子之佐十一人其不欲戰者

三人而已欲戰者可謂衆矣武子曰善鈞從衆善衆之主也三卿爲主可謂衆矣此善聽者也成六何謂詭知人之詭我以詭人皆是也何謂詭人息侯求救于蔡而使楚伐之莊十晉假道以滅虞僖二秦隈入而繫輿人昏而傳商密宵坎血加書而盟戌人僖廿五魏壽餘僞叛以歸士會文十三晏弱城東陽以圍萊襄六楚備吳以襲梁霍哀十齊媵女而以藩載欒盈襄廿三胥梁帶僞效封而執烏餘襄廿七士蔿裂田而城爲之卜以執蠻子哀四荀吳使師僞糴負甲以滅鼓昭廿二用牲于雒以

滅陸渾昭十七僞會齊師假道鮮虞以入昔陽昭十二厲

人濮以裳裹首而荷以走曰得華登昭廿一公孫朝請

息肩于齊而伐飲馬之師昭廿六子上退舍陽子宣言

楚遁僖三十三楚子木衷甲襄廿七癸何獻兆于慶舍襄廿八

駟赤走侯犯定十吳洩庸如蔡納聘而納師哀二越侵楚

以誤吳哀十七齊人不勝四公子之徒與宋人戰敗而

立孝公僖十八何謂郊人之詭秦使泠至召三子郤芮

曰幣重言甘誘我也僖十河曲之役秦人請戰臾駢曰

使者目動言肆懼我也將遁矣文十二平陰之役太子

光曰師速而疾略也將退矣襄十八　北鄙之役孟公綽曰崔子將有大志不在病我必速歸襄廿五　宋之盟伯夙曰楚氛甚惡襄廿七　麇丘之役晉軍吏令繕將進萊章曰是躗言也役將班矣哀廿四　雍三途之役萇弘曰客容猛非祭也其伐戎乎昭十七　陽虎請伐曾鮑文子曰是欲罷齊師以奮其詐謀定九　越子率衆以朝吳且饋賂之吳人喜而子胥懼曰是豢吳也哀十一　何謂信兵雖詭道不厭信禮是故晉文公伐原而退舍僖廿五荀吳使鼓殺叛人而繕守備昭十五　華元子反各輸其

國情宣十五夙沙衞以無備告襄十九鄭子展請杖信以待晉襄八士匄侵齊聞喪而還襄十九楚人伐陳聞喪乃止襄四東門之盟以藩為軍而趙武不衷甲襄廿七潛之役郤宛聞吳亂而還昭廿七申包胥哭秦庭而哀公出師定四孔子以禮郤萊人定十解揚反楚宣十五子產命師無入公宮襄廿五子伯季子殺載祏者許公為曰與不仁人爭明無不勝哀十六子反北師而申叔時曰信禮之亡必不免宣十二晉伐鄭殺鄭行人伯蠲君子曰非禮成九子犯曰子玉無禮哉君取一臣取二不可失矣

僖廿八

是故聲伯請逆于晉師四日不食以待使者信也成十六 連稱管至父及瓜不代而作亂無信也莊八 以詐爲信說在范宣子之以魯莒之情告析文子也襄十八 何謂諜閒諜也閒之曰閒諜其事曰諜濟西之役戎侵魯而不知莊十八 無諜也故曰秦諜襲鄭而晉知之者諜也僖三十一 諸侯有成行而子蟜知之襄十 魯宵軍齊師齊師聞之定四 微虎欲宵攻王舍而吳王一夕三遷哀八 以輕車千乘厭齊師之門告荀寅者哀廿七 諜也弦高以乘韋牛十二犒秦師而遽告于鄭僖三十三 臧宣

叔道晉師以伐齊成二遍營人道吳師以伐武城哀八亦
諜也羅人欲伐楚師而使伯嘉諜桓十二子元伐鄭諜
告曰楚幕有烏莊廿八齊伐魯胥諜曰齊師遁哀十一晉
得秦諜殺諸絳市宣八鄭得晉諜殺建哀十六何謂間
而撓之間而離之是也何謂離晉私許復曹衞而使
宋告絕于楚是也僖廿八何謂撓吳使長鬣三人以伏
舟側而迭應是也昭十七伯州犁在楚苗賁皇在晉成十
六析公繞角成六雍子彭城成十八子靈通吳晉成七叔孫
輒教吳伐魯而遍營人道之哀八此西鉏吾所謂收吾

儈以間吾釁（成十八）是遺敵以間者也苗賁皇雍子狗師而逸楚四（成十六十八）吳子縱胡沈之卒（昭廿三）是以敵爲間者也駟赤走侯犯（定十）拳彌奔出公（哀廿五）治區夫來賁人以叛南氏（昭十三）范宣子以魯莒之謀告子家（襄十八）此間之神也何謂內在外曰姦在內曰宄肉爛于外人得而知也魚潰于內人不得而知敵侵于外奸伏于內不可支矣是故兩軍相對申叔展問河魚腹疾者內也（宣十三）宋華元夜入楚軍登子反之牀者亦內也（宣十五）楚子孔潘崇帥師伐舒蓼使克燮守而

作亂（文十四）楚師在鄭而子孔謀去諸大夫者（襄十八）亦內也自外而內者顯禮至是已（僖廿五）內而內者微鄭夫人啟京城大叔（隱元）陘庭南鄙啟曲沃武公（桓二）鄭厲公因櫟人以殺檀伯（桓五）蔡公因正僕人以殺太子祿公子罷敵（昭十三）寺人貂漏師于多魚（僖二）連稱之從妹閒襄公（莊八）

王子帶召揚拒泉皐伊雒之戎（僖十一）欒盈之入絳也因魏獻子（襄廿二）伯有之入鄭也因馬師頡（襄三十）晉先穀召狄（宣十三）齊盧蒲癸王何刺子之（襄廿八）殖綽工僂夜縋納齊師（襄十九）陳城

而役人相命以各殺其長襄廿三莒斃婦紡焉以度而破紀鄣昭十九太子建之母召吳人而啟之以入郥昭廿三建召晉師于鄭哀十六晉人懼滑臺子羽哀八衞人病視史揮哀廿五內而內者微何謂釁我慎其釁因人之釁是也何謂慎其釁趙宣子曰隨會在秦賈季在狄難日至矣文十二是也何謂因人之釁鬭伯比曰敵有釁不可失桓八隨會曰用師觀釁而動宣十二是也是故或以內亂或以飢或以喪何謂亂衞之亂也郕人侵衞隱五狄之亂也衞人侵狄襄三十二晉有范氏之亂齊魯

衞鮮虞伐晉哀元陳有夏氏之亂楚子入陳宣十一闞氏之族爲亂巴人伐楚莊十九晉敗于韓狄侵晉僖十六梁民潰秦伯取梁僖十九邾分爲三魯取邾襄十三晉從政者新三帥專行而伍參勸戰宣十二晉君少而范山圖北方文九諸侯貳而秦人白狄伐晉成九何謂飢楚大飢戎庸麇百濮皆伐楚文十六晉飢秦人侵晉而弗能報襄九吳稻蟹不遺種而越人滅吳哀廿二見國語何謂喪魯惠公薨有宋師隱元鄭成公卒有晉師襄二楚莊王卒有吳師襄十三宋人因滕喪而圍滕宣九吳子因楚喪而伐楚

昭廿七 狄因晉喪而侵齊伐晉僖三十三鄭因滕喪而伐宋成十六伯國死而國人召甯喜克孫氏襄廿六何謂偪以勢偪之所謂不戰而屈人之兵也費伯城郎以偪極隱二邾人戍虛丘以偪魯僖元魯僖公置桓公子雍于穀以偪齊僖廿六楚納魚石于彭城戍之以偪公成十八騶赤謂侯犯齊人欲以郈偪魯定十孟獻子請城虎牢諸侯戍焉以偪鄭襄二晏弱城東陽以偪萊環城堙之而傅于堞以入萊襄六孟武伯城輸以偪成哀十五楚靈王圍徐以逼吳昭十二鄭城岀戈錫處平元之族以偪

宋哀十二楚昭王大封二公子以害吳昭三十宋伐曹築五邑于其郊而因以滅之哀七何謂與與國是也凡戰必仗與國春秋摟諸侯以伐諸侯是故君子必慎其所與或因而攜之以孤敵或翦焉而弱之或攻所惡以取入鄭伯請成于陳不許五父諫曰親仁善鄰國之寶也陳侯不從鄭侵焉而大獲隱六鄭伐宋宋不告命于魯而魯會齊謀于防隱九楚侵隨鬭伯比曰隨張必棄小國小國離楚之利也故季梁謂隨侯曰君姑修政而親兄弟之國桓六秦人巴人羣蠻從楚師以滅

庸文十六 晉會虞師以取下陽虞滅虢以自滅僖五 陳蔡不至而會之圍鄎無功莊七 江黃會而齊桓伐楚僖三 城濮之戰晉使宋以賂晉之賂賂齊秦僖廿七 鄢陵之戰申叔時謂子反曰楚內棄其民而外絕其好吾不復見子矣成十六 鄢之戰欒書曰楚鄭親矣鄭不可從宣十二 孔叔曰齊方勤我背德不祥故鄭伯不成于楚僖三 又曰國君輕則失親故鄭伯逃師而齊人伐僖五 慶鄭曰怒隣不義故晉侯閉糴而敝于韓僖十四 鬭椒曰能欲諸侯而惡其難乎遂次于鄭以待晉師宣二 西鉏吾

日事晉何爲晉必急之成十八韓厥曰欲求得人必先勤之乃師于合谷以救宋成十八楚子曰不伐鄭何以求諸侯于是有南里之役襄廿六子庚曰諸侯方睦于晉乃涉于魚齒之下而還襄十八鄭子蟜曰與人而不固敢惡莫甚焉乃濟涇而次襄十四魏絳曰勞師于戎而楚伐陳必弗能救是棄陳也諸華必叛襄四知武子曰吾三分四軍與諸侯之銳以逆來者襄九是故諸侯貳而白狄伐晉成九徐伐莒而莒人請盟于鄫文七鄭侵晉而太子爲質于楚成十七單子欲告急于晉而以王

出奔于皇昭廿二齊衞圍戚而蒯瞶求援于中山哀三鄭皇耳侵衞以固與楚襄十申公巫臣通吳于晉而教之叛楚成七蔡侯唐侯因吳以害楚定四曹背晉奸宋宋人伐之而晉不救哀七吳使魯徵師以伐齊哀十晉伐鄭而駟宏請救于齊哀廿七諸侯爲宋伐郳莊十五魯穆叔賦圻父與鴻雁之卒章襄十六故曰必仗與國雖然魯莊公以齊圍郕而郕降齊師莊八楚與巴人伐申巴人叛楚而伐那處莊十八周襄王以狄伐鄭其後狄攻周僖廿四晉文公以秦伐鄭秦背晉而戍之僖三十召伯盈逐

王子朝昭廿六韓魏反喪知伯哀廿七故曰必慎其所與攜之爲言閒也閒而離之者是見前上陽之役晉滅虢而因以取虞僖五揚梁之役秦楚伐宋以報晉襄十二齊人爲徐伐英氏僖十七狄閒晉之有鄭虞也又因晉喪而再侵齊僖三十三晉陳鄭伐許楚故也楚侵陳蔡伐鄭晉故也僖三十三楚鄭侵魯西鄙鄭侵宋北鄙晉故也襄十晉取鄭而楚陳伐宋襄十二楚五大夫圍徐以懼吳昭十二齊叛晉而國夏伐魯西鄙定十鄭桓子思患宋人之有曹也而救曹哀七故曰翦焉而弱之魯隱公欲求宋

而爲之伐邾隱七孟獻子爲晉侵宋成六衞爲晉侵鄭成十伐鄭成十六鄭爲楚侵宋襄二鄭爲晉侵蔡襄八邾爲齊伐魯襄十七魯爲晉侵齊襄廿四楚爲許伐鄭襄廿六魯侵鄭取匡爲晉討鄭之伐胥靡也定六侵衞晉故也定八宋侵鄭鄭叛晉也哀十故曰攻其所惡以取入晉侵崇以求成于秦宣元鄭惡宋以固與晉襄十一吳伐桐以來楚定二此反而用之亦所謂致師者也何謂脅脅以不得不從是也故兵法曰攻其所必救是故衞伐齊邢狄伐衞以救齊僖十八齊伐魯衞伐齊以救魯僖廿六楚圍江晉

伐楚以救江文三鄭侵晉衛侵鄭以救晉成十七晉伐鄭

秦伐晉以救鄭襄十一宋圍曹鄭侵宋以救曹哀七此攻

其國者也齊伐鄭楚圍許以救鄭僖六楚伐徐齊伐厲

以救徐僖廿五楚圍宋晉伐曹衞以救宋僖廿七楚伐鄭

晉侵蔡以救鄭僖三十三晉伐齊楚伐鄭以救齊襄廿四晉

伐鄭楚侵陳侵宋以救鄭成九襄元此攻其與者也何謂

假假于意假于鬼神假于物象是也子犯釋盬腦之

夢僖廿八巫皋徵隊首之夢襄十八是謂意極有聲而卜

偃拜僖三十二龍滑孔禮注以掌祭諟狄人閔二是謂神公子

偃蒙皋比以敗宋莊十胥臣蒙馬以虎皮而陳蔡奔僖廿八是謂物雖然鬼神則有予玉不以瓊弁玉纓畀河神而死于連穀僖廿八中行獻子以朱絲繫玉二穀禱于河而勝齊襄十八老人結草以亢杜回宣十五韓厥中御而從齊侯成二欒盈請嗣事于齊而中行獻子瞑而受含襄十九楚昭王救陳卜戰與退不吉而死于城父哀六宣子夢文公攜荀吳而授之陸渾故穆子帥師昭十七卜伐宋不吉而趙鞅止哀九是故悖神者凶聽于神者凶夷吾卜慶鄭吉而不使僖十五天道在西北而南

師不時入襄十八越得歲而吳伐之昭三十二是悖神者凶神賜之土田而虢公力戰莊三十二是聽于神者凶是故晉文公卜勤王得阪泉之兆僖廿五孫文子卜追皇耳而兆如山陵襄十鬬廉不卜伐鄖桓十一趙鞅荀瑤不卜伐齊哀十廿三楚惠王不更卜公孫寧而敗巴師哀十八公子魴改卜而敗吳昭十七丁樂衞侯不辟龜焦定九或曰左氏好誣神與卜者誕也魏子曰二百四十二年之中信者傳也何謂名傳曰師出有名是也是故名必執義循禮而後名立宋公不王而鄭伯以王命討宋隱九

郕人不會伐宋齊鄭以違命入郕隱十齊桓公請師于周而宋人成莊十四敗衞師而數之以王命莊廿八救邢以從簡書而諸侯悅閔元辭子華而鄭服僖七責楚苞茅不貢而楚知罪曰昭王南征而不復名不節也僖四晉文公左師逆王而諸侯從僖廿五而臧文仲道子玉伐齊宋以其不臣也僖廿六故晉襄公伐衞先且居曰效尤有禍請君朝王而臣從師文元欒王鮒謂范宣子曰奉君以走固宮必無害也從而克襄廿三高彊謂范中行曰若先伐君是使睦也不從而敗定十三桓魋欲攻

君子車曰伐國民不與也祇取死焉哀十四　石乞請弒
王白公曰弒王不祥哀十六　靈不緩徇于國曰與我者
救君者也而衆與欒得曰彼以陵公有罪我伐公則
甚焉而施于大尹哀廿六　陳乞鮑牧以甲入于公宮哀六
楚莊王謂陳人曰無動將討于少西氏而陳服宣十一
沈諸梁曰棄德從賊其可保乎而箴尹固從哀十六　范
鞅曰欒氏帥賊以入而魏舒之公襄廿三　夫名不一類
晉人之用名也奇城濮之戰退三舍欲進而以退爲
名也則其有名于進也矣僖廿八　汪之役辟秦焉而先

伐之欲退而以進爲名也則其有名于退也矣文延二州季子謂楚子期曰我請退以爲子名是善居名者也哀十何謂辭辭令也鄭息之役傳曰不徵辭是也隱十一甯母之會管仲曰若總其罪人以臨之鄭有辭矣何懼是也僖七故有以辭全有以辭敗宋使失對辭不出師隱五子玉取二狐偃決戰僖廿八蔓子飾詞楚人滅之僖廿五甗子反辭大敗于邲宣十二子駟強辭諸侯復伐襄九荀偃專辭棫林無功襄十四子朱易辭三軍暴骨襄廿六是故詹父有辭而以王師伐虢桓十二曾有辭而

郎之戰交綏桓十荀息有辭而虞公假道僖二陰貽孫有辭晉人哭且悅而秦穆公歸夷吾僖十五展喜有辭而齊侯還僖廿六燭之武有辭而秦伯戍僖三十郲人有辭而宣子從文十四攝叔有辭而鮑癸不逐宣十二鄭子家有辭而鞏朔行成文十七鄭伯有辭而楚莊許平宣十二賓媚人有辭而晉師罷成二宋有辭而楚人患之昭廿二隨有辭而吳人退定四宋左師辭順而民從大尹無別而民叛哀廿六子產有辭而晉人不討入陳也襄廿五何謂備未戰備戰未敗備敗書曰有備無患是也繻葛

之役先偏後伍伍承彌縫桓五羅之敗屈瑕不設備桓十三魯桓公告疆吏曰慎守其一而備其不虞桓十七弦子不事楚又不設備故亡僖五臧文仲諫僖公曰無備雖眾不可恃也僖公不從而敗于升陘僖廿一訾婁之役邾人不設備而襄仲再代襄三十三庸人勝楚不設備而楚滅之文十六邲之戰晉楚之言備也詳楚軍左轅右追蓐前茅慮無故士會曰軍政不戒而備不可敵也鄭皇戌曰楚師老矣而不設備擊之必敗欒書曰二廣代駕以備不虞不可謂無備卻克曰二憾往矣

不備必敗士會曰楚之無惡除備而盟何損于好若以惡來有備不敗且雖諸侯相見軍衛不撤警故楚子使潘黨率游闕四十乘以從唐侯士會設七覆而上軍不敗趙嬰齊先具舟而濟也故曰邲之戰晉楚之言備也詳（宣十二）爲齊難故臧宣叔令脩賦繕完具守備曰知難而有備乃可以逞（成元）鞌勝齊季孫命脩守備曰小勝大禍也齊至無日矣（哀十一）西宮之難子產完守備成列而後出（襄十）溴梁之會警守而下（襄十六）旃然之役楚師將涉潁而城上頼（襄十八）林鍾之役魯

城西郛武城襄十九師于鹹衛人不保而夏陽說欲襲衛成六渠邱公恃陋楚潰辰而克其三都成八故曰恃陋而不備罪之大者也豫備不虞善之大者也是以狄人不備而敗于交剛成十二宋人不備而敗于汋陵成十六舒庸人不備而滅于楚成十七楚人弗儆而敗于皐舟襄十四陳不設備而司徒卬獲襄十七莒人不設備而敗于蚡泉遠啟疆不設備而敗于鵲岸俱昭五鮮虞人不修備而獲于晉昭十三許不設備而大獲于鄭成八楚邊人不備而吳滅巢鍾離昭廿四故晉侯使詹嘉處瑕

守桃林之塞以備秦文十三鄭子展請完守以老楚襄八魯成公待于壞隤而申宮警備成十六公斂處父請孟孫先備定八成人成備而後告齊昭廿六周先警戎備而大獲昭十七雩婁之役秦楚侵吳聞吳有備而還襄廿六坻箕之役吳早設備楚無功而還于是楚子使沈尹射待命于巢薳啟疆待命于雩婁昭五是以慶舍之誅也甲環公宮矣士釋甲束馬而觀優于魚里襄廿八郲子益之囚也魯師及范門而猶聞鐘聲哀七何謂法法莫大乎賞罰是故莫赦縱于荒谷桓十三子玉死于連

穀僖廿八子反死于瑕成十六城濮之役殺顛頡祁瞞舟之僑僖廿八清之役殺先穀而滅其族宣十三曲梁之役魏絳戮揚干之僕襄三崇卒之役魏舒斬荀吳之嬖人昭元孟諸之役申舟扶宋公之僕文十此罰法也鄭莊公詛射潁考叔者隱十一先穀僨命于邲而無誅宣十三城濮之役殺顛頡而黜魏犨僖廿八河曲之役放胥甲而釋趙穿宣元失罰也箕之役郤缺爲卿僖三十三鞌之役厥括朔穿雖旃皆爲卿成三赤狄之役以黻冕命士會爲太傅宣十六入陳之役賜子産先路三命之服子産次

路再命之服皆有邑襄廿六晉襄公賞桓子狄臣千室
宣十五悼公賜魏絳金石之樂襄十一宋武公賞彪班以
關門之征文十一齊侯旌敝無存以犀軒與直葢三襚
而親推之定九魯之嬖僮汪錡可無殤哀十一此賞法也
衛侯生賜北宮喜析朱鉏以墓田與謚昭二十鬬懷欲
弒君而與于復國之賞定五介之推不言祿祿亦弗及
僖廿四失賞也魏子曰孟明三用文三荀林父復其位宣十
二冶父之羣帥免桓十三舉郤缺也賞胥臣以先茅之
縣僖三十三庸中行伯也賞士伯以瓜衍之縣宣十五先軫

死狄晉襄公命先且居將中軍（僖三十三）陳成子救鄭召顏涿聚之子晉而賞以邑與車（襄廿七）子木滅舒鳩而賞薦掩（襄廿五）卻獻子將救人既斬而使速以狗（成二）魏絳戮揚干而悼公與之禮食佐新軍（襄三）邑之役鄭子臏狗曰得桓魋者有賞而魋逃（哀十三）雍邱之令曰使有能者無死而郟張鄭羅歸（哀九）鐵之戰趙簡子設衆賞而自設罰（哀二）此賞罰之善者也何謂同同甘苦也楚饑伐庸振廩而同食（文十六）闔廬在軍熟食者分而後敢食所嘗者卒乘與焉（哀元）是以申叔儀歌佩玉而

知吳所以亡（哀十三）羊羹不及斟而華元獲（宣二）後食射犬于幄外而再不謀（襄廿四）然而士養于素德行于非所望是故翳桑餓夫倒戟以出宣子（宣二）而公孫尨取子姚之旗者素也（哀二）何謂本修其本以勝之是也辟之樹土厚根暢而柯葉茂雖風雨不搖是故可以戰可以無戰不以戰設也而戰已畢故季梁曰君姑修政而親兄弟之國（桓六）鄧曼曰君撫小民以信訓諸司以德而告莫敖以天之不假易也（桓十三）長勺曰分衣食信玉帛察小大之獄以情（莊十）士蔿曰禮樂慈愛戰

所畜也夫民讓事樂和愛親哀喪而後可用莊廿七申
叔時曰德刑詳義禮信戰之器也成十六子魚曰君姑
內省德無闕而後動僖十九季札曰二君不務德而力
爭諸侯哀十晉文公欲用其民子犯曰民未知義知禮
知信僖廿七韓之役韓簡曰師少于我鬬士倍僖十五城
濮之役子犯曰師直為壯曲為老僖廿八孟明增德修
政重施趙成子曰不可敵也文二楚德刑政事典禮不
易隨武子曰不可敵也宣十二吳師在陳楚大夫皆懼
子西曰夫先自敗也已安能敗我故曰闔廬在國親

巡孤寡而共其困之 哀元 陳成子救鄭屬孤寡而三月朝 哀廿七 是以衛文公布衣帛冠訓農通商惠公勸學任能致革車三百乘以伐邢 閔二 楚子重己責逮鰥救乏赦罪悉師爲陽橋之會而晉人畏 成二 晉悼公任賢授能施舍輸貸修民事田以時三駕而楚不敢爭 襄九 范宣子曰楚立子囊必改行而疾討陳 襄五 子囊曰君明臣忠士讓下競晉不可敵 襄九 叔向曰在其君之德 襄十八 楚平王簡兵而撫其民振窮養老救災赦罪任良物官 昭十四 楚再敗子西遷郢于鄀而改紀其政 定六

白公請伐鄭子西曰楚未節也哀十六季康子欲伐邾子服景伯曰民保于城城保于德失二德者危將焉保哀七此皆所謂知本者也故仲孫湫告齊桓公曰親有禮因重固間攜貳覆昏暴者本也閔元是以衛懿公好鶴受甲者不戰閔元梁伯僖十九廧咎如失民而潰成三不知本也曰和曰忍曰量曰息曰畏曰信曰同本也曰恃失本也夫先釁于敵以取禍皆不知本者也是故戎伐凡伯于楚邱凡伯不賓也隱七曾伐杞朝而不敬也桓二曲沃武公伐翼侵陘庭之田而南鄙啟也桓二

楚伐鄭鄭人奪楚幣也桓九虢仲譖詹父伐焉而奔虞虞公求璧劍伐焉而奔共池也魯鄭交伐宋宋無信也俱桓十二又責賂無厭也桓十三楚伐蔡蔡侯止息嬀弗賓也莊十齊滅譚莊十楚伐鄭莊十六侵陳襄四魯入杞僖廿五晉滅曹衛僖廿八無禮也諸侯伐鄭鄭無故侵宋也莊十六齊滅遂諸侯會北杏而遂人不至也莊十三伐宋討不與盟于齊也僖三十三蔡滅沈沈人不會于召陵也定四蔿國以晉師殺夷詭諸免而弗報也莊十六秦執夷吾于韓倍賂也莊十六公子友敗莒人于酈求賂也僖元鄭

穆公曰晉不足與于是乎伐宋會扈取賂也（宣元）虞之滅貪賂也（僖五）蔡之潰蔡姬未絕而嫁也（僖三）諸侯伐鄭逃首止之盟也（僖六）楚再伐麇逃厥貉之會也（宣元）晉伐蔡蔡人不與新城之盟也（文十五）伐許不與雞澤也（襄三）狄滅溫蘇子無信也叛王即狄又不能于狄（僖十）秦入鄀鄀叛楚即秦又貳于楚也楚滅六六叛楚即東夷也（俱文六）圍巢（文十二）滅舒蓼（宣八）叛也伐黃不歸楚貢也（僖十一）宋伐曹（僖十五）吳侵陳（哀元）修舊怨也楚伐陳討貳于宋也（僖廿三）晉敗秦于殽貪而輕也（僖三十三）晉伐衛取

戚不朝晉且侵鄭也〔文元〕宋師圍曹報武氏之亂也〔宣三〕魯伐莒取向莒人不肎平剌也〔宣四〕潞之滅怙其儁才而不茂德也〔宣十五〕泓之陽宋公強求諸侯且不阻隘不鼓不成列也〔僖廿二〕鞌之敗婦人之笑辱也〔成二〕劉康公敗績于徐吾氏平戎而徼戎也〔成元〕諸侯伐郯郯成于吳也〔成八〕楚敗于鄢陵無信也〔成十六〕楚滅舒庸道吳伐楚也〔成十七〕鄭皇耳獲無故侵衛也〔襄十〕齊侯貳于晉而圍成范宣子假羽毛而弗歸也〔襄十五〕衛石買孫蒯執伐曹取重邱也〔襄十八〕鄭子展子產入陳陳隧非堙

未刊也襄廿五楚滅舒鳩卒叛楚也襄廿五楚未撫其民而城州來以挑吳也昭十九鼓之滅晉反鼓子而叛于鮮虞也昭廿二巢鍾離之亡勞民速寇而無備也昭廿四晉侵鄭取匡鄭伐周邑也定六趙鞅圍衛報夷儀也邯鄲午殺人于西門報寒氏也俱定十楚滅胡胡子伴楚邑而不事楚也定十五圍蔡報柏舉也哀元夫差敗越于夫椒報檇李也哀元趙鞅圍中牟衛助范氏也哀五晉師侵衛衛不服也哀七吳伐魯武城犯盟伐邾也哀八伐齊南鄙乞師辭師也哀十宋取鄭師取邑于外也哀九楚伐

陳陳卽吳也哀九清之師齊爲鄖故也哀十知伯貪而愎故趙襄子甚知伯韓魏反而喪之也哀廿七何謂保保其勝也未戰脩其本旣戰保其勝虢公驟勝而驕莊廿七郤至戰勝而求掩其王成十六季武子作林鍾昭所獲焉以怒大國襄十九未有不敗者也是故楚獲少師而鬬伯比請許隨盟桓八城濮勝而文公憂僖廿八殽彭衙勝而趙衰辟秦文二王官交勝而秦穆公以江滅自懼文四陳敗楚獲公子茷而懼而請平文九楚莊王克鄭而許之平勝晉而不爲京觀稱武德焉宣十二鞏勝而

晉大夫讓功成二鄢陵勝而范文子戒修德成十六鄭服而晉悼公禮鄭因納斥堠禁侵掠襄十一莒人勝而再行成于齊襄廿三昭廿二子產入陳而爲之致民致節致地襄廿五魯勝齊而季孫修守備哀十一申包胥以秦師與楚而逃賞定五沈諸梁克白公而老于葉哀十六

兵謀跋

兵家言卓卓者曰孫子曰吳子曰司馬法而其善言謀者尤莫如孫子五間之類雖然謀非一途也擇之貴精慮之貴熟用之貴簡取之貴博天將曉而先陰火將滅而暫明此兵謀也易攻陰陽詩窮性情此兵謀也微而至于貍之捕鼠蝟之制虎即且之甘帶皆兵謀也然則集古人已事而究其謀之所在此取諸近者矣勺庭魏先生爲文喜用左氏法嘗綜左氏言兵事剖決而貫穿之爲謀三十有二謂之兵謀嘗閱

岳武穆用兵以陣圖爲古法不足泥顧好讀左氏則

先生此書豈眞紙上談哉甲辰初夏吳江沈楙悳識

兵法

寧都魏　禧冰叔著

兵不法不立魏子曰左氏之兵爲法二十有二曰先曰潛曰覆曰誘曰乘曰衷曰誤曰瑕曰援曰分曰嘗曰險曰整曰暇曰衆曰簡曰一曰勸曰死曰物曰變曰將何謂先魏子曰兵有先聲以奪人者有先發而制人者所謂先聲奪人者菅之役曾隱公先敗宋師而鄭人以入郜入防（隱十）許之役瑕叔盈以蝥弧登周麾而呼曰君登矣而鄭師畢登（隱十一）平陰之役范宣

子曰魯莒以車千乘自其鄉入而齊侯恐（襄十八）鄢陵之役苗賁皇曰秣馬利兵明日復戰而楚王宵遁（成十六）彭城之役雍子發命于軍歸老幼反孤疾師陳焚次明日將戰而楚師宵潰（襄廿六）上雒之役楚使謂陰地之命大夫曰將通于少習以聽命（哀四）鄭子賸使徇曰得桓魋者有賞（哀十三）救鄭之役有自晉師告者曰將為輕車千乘以厭齊師之門（哀廿七）所謂先發制人者鄢之役莊公聞期而命子封帥車七百乘以伐京（隱元）郎之役公子偃自雩門竊出而先犯之（莊十）蒲騷之

役楚以銳師宵加于鄖桓十莒人求賂而公子友敗諸酈僖元刳首之役趙宣子曰先人有奪人之心文七孫叔敖曰進之寧我薄人無人薄我車馳卒奔以敗晉于邲宣十二廚人濮曰及其勞且未定也伐諸故齊宋敗吳師于鴻口昭廿一陳乞謂諸大夫曰盡及其未作也先諸作而後悔無及也哀六虞公求寶劍而虞叔伐之桓十楚飢伐庸而百濮罷文十六鄑之役魯薄宋未陳莊十一河曲之役臾駢請薄秦師于河文十二泓之役子魚請薄楚半濟又薄其未陳僖廿二夾泜之役大孫伯懼

晉人半濟而薄我（僖廿三）夫槩王半濟而擊楚（定四）中行穆子未陳而薄翟（昭元）叔弓未陳而薄莒（昭五）是故滑之役弦高以牛韋犒秦師鄭穆公使秦戍取麋鹿（僖三十三）亦謀之爲先聲先發者也何謂潛潛而軍之是也梁霍之襲楚爲一昔之期（哀四）極之入無駭因費庈父城郎之師而勝者（隱二）潛也濟西之追戎侵魯而魯人不知（莊十八）商密之傳秦人過析而二公子不知（僖廿五）者潛也故杞子自鄭使告于秦曰潛師以來國可得也（僖三十三）是故鄭以三軍軍其前潛軍軍其後而敗燕師

于北制隱五趙盾潛師夜起以敗秦于令狐又十一楚子乘驛會師于臨品而滅庸文十六秦庶長鮑先入晉地而庶長武濟自輔氏以與鮑交伐晉師襄十一吳人不出而自皐舟之隘以要擊楚師襄十四見舟于豫章潛師于巢而敗楚定二司馬戌欲使子常與吳沿漢而已悉方城外以毀其舟定四吳徐承帥舟師將自海入齊而齊人敗之哀十越子夜使左右句卒鼓譟而三軍潛涉以鼓吳之中軍哀十七何謂覆伏而乘之是也北戎侵鄭鄭爲三覆以待隱九絞驅徒役于山中楚人坐其北

門而覆諸山下桓十二邲之戰士季使鞏朔韓穿帥七覆于敖前宣十二邱輿之役公子偃使東鄙覆諸鄤成三庸浦之役楚設三覆以敗吳襄十三夫渠之役鄭人覆之而敗宋于汋陵成十六齊陻伏以待魯定七何謂誘以弱示之是也齊陻伏以待魯定七公子突使勇而無剛者嘗寇而速去隱九狐毛設二旆而退之欒枝使輿曳柴而僞遁僖廿八七遇皆北而楚滅庸文十六庸浦之役養叔請誘吳師襄十三離城之役子彊以私卒誘吳襄廿五晉欒范易行以誘楚襄廿六魏舒五陳相離以誘翟

昭元滑羅不退于列以誘曹定十二鍾離之役吳公子光曰請先者去備薄威後者敦陳整旅昭廿三以敗營之是也衷其師者必先敗見後以利餌之是也屈瑕請無捍樵采以誘絞桓十二巢牛臣啟門以誘諸樊襄廿五陳鮑氏爲優以誘慶氏襄廿八魏子曰凡兵莫善于濟于覆于乘于衷矣濟而襲之覆而要之衷而斷之乘之以奇兵是皆誘也末華御士曰楚欲弱我也先爲之弱乎何必使誘我文十盧戢黎誘殺鬬克公子燮文十四曲沃伯誘晉小子侯殺之桓七其所爲誘吾不得而知

也何謂乘乘間也出其不意先發以制人乘于未陳乘于半濟者皆是也（見前）伐宋之役魯敗宋師于菅鄭入防郜鄭師在郊宋衛入鄭宋衛蔡入戴鄭人圍戴以取三師而入宋（隱十）鄢陵之役楚晨壓晉軍而陳（成十六）朝歌之役趙鞅師于共南面荀寅伐其北（哀四）魯僖公在會而滅項（僖十七）鄭伯會晉師而門于許（成八）秦襲鄭不克而滅滑（僖三十三）晉侵蔡不獲而侵沈（成八）季武子救台入鄆（襄十二）崔杼送陳無宇而侵介根（襄廿四）秦師夜遁而侵晉及瑕（文十二）楚敗于吳而滅唐（定五）晉以諸

侯伐鄭而以鄗師侵陳楚襄元晉師悉起于平邱而荀吳侵鮮虞昭十三狄間晉之有鄭虞也而侵齊僖三十間宋之盟而侵晉成十二吳在楚而于越入吳定四鄭因楚敗而入許定六晉圍朝歌而狄襲之定十四吳入楚而胡子俘楚之近邑定十五諸侯伐郳而鄭侵宋莊十五魯間晉難而伐邾取須句文七齊謂諸侯不能也而侵魯西鄙文十五莒人間諸侯之有事而伐魯東鄙襄十盧邱之戍將歸而魯人敗之僖元楚師還自徐而吳人敗之昭十三公孫申彊許田而許人敗之成四鄭子耤稻而邾人

俘之昭十八孫林父嘉出而甯嘉伐襄襄廿六烏餘襲羊角乘大雨竇入以襲高魚襄廿六伯有竇入以伐舊北門襄三十斐豹待于隱而自後擊殺督戎襄三十三巢牛臣隱于短牆以射諸樊襄廿五齊人醉而遂入殲齊師莊十七狄飲酒而甘歠敗狄于邿垂文十七慶氏之士飲酒觀優而子尾殺子之襄廿八伯有醉而子皙伐襄三十夙沙衛會食而殖綽工僂夜縋納齊師襄十九陽關之役陽虎焚萊門以警魯師而犯之定九舍墓之役曹人兇懼而晉攻之僖廿八大敗之役鄭人入井倒戟而獲狂

狄宣二鄢陵之役茀翰胡欲使諜輅鄭伯而從俘成十六刜首之役趙盾潛師夜起文七潁上之役鄭子罕宵軍之而宋齊衛失軍成十六旅松之役郳叔紇宵犯齊師以送臧紇襄十七杞殖華還載甲夜入且于之隧襄廿三楚以銳師宵加于鄖桓十一晉陽虎欲宵攻齊師定七微虎欲宵攻吳王之舍哀八王子還夜取王以如莊宮昭廿二楚爲一昔之期以襲梁霍哀四公孫尨宵攻鄭師取蠭旗于子姚之幕下哀二鄭宵突陳城襄廿五何謂衷折而取其衷是也今有敵師于此我衝其師爲二是我

以衷斷敵也我攻其前後而夾之是我使敵衷也北戎侵鄭公子突去以誘之覆以待之衷戎師而前後擊之（隱九）楚圍鄾鬬廉衡陳其師于巴師之中以北而與巴師夾攻鄧人（桓九）城濮之戰狐毛設二旆而退欒枝輿曳柴而僞遁郤溱以中軍公族橫擊之毛偃以上軍夾攻子西（僖廿八）吳人要擊楚師而獲鄧廖（襄三）自皐舟之隘要擊楚師而楚不能相救（襄十四）吳人居楚師之間七日而子彊憂爲禽（襄廿五）邾師過離姑武武人以兵塞其前推其後之木以蹷之而取邾師（昭廿二）

司馬戌欲毁吳舟使子常濟漢伐之而自後擊吳定四荀寅伐北郭之圍使其徒自北門入而犯師以出哀三何謂誤伍員曰多方以誤之是也昭三十乾時之役秦子梁子以公旗辟于下道莊九繞角之役析公使晉多鼓鈞聲以夜軍楚師襄廿六雞父之役吳舍胡沈之囚使奔許蔡頓曰吾君死矣昭廿三申公巫臣使吳伐楚而子重子反一歲七奔命成七吳伐夷侵潛六圍弦楚師至而吳還昭三十一笠澤之役越子夜使左右句卒或左或右鼓譟以亂吳師哀十七何謂瑕管子曰攻瑕則

堅者瑕是也繻葛之役鄭子元請先犯陳蔡桓五鄭之役公子偃先犯宋師莊十城濮之役亦先犯陳蔡僖廿八鍾離之役吳子先犯胡沈陳昭廿三鄢陵之役苗賁皇請先擊左右成十六速杞之役季梁亦請攻右桓八柏舉之役夫槩王先擊子常之卒定四皆所謂攻瑕者也夫攻堅者說在楚以銳師敗鄖而四邑離桓十一巢牛臣謂是君也死而彊其少安襄廿五何謂援聲援是也兵必置援以備不虞且張其聲故孟穆伯帥諸侯之師救徐而諸侯次于匡以待之僖十五右師圍溫左師逆

王而晉侯次于陽樊（僖廿五）楚鬬克屈禦寇屯于析以援商密（僖廿五）僖公伐齊寘桓公子雍于穀以為魯援（僖廿六）楚伐鄭楚子師于狼淵（文九）侵庸楚子大師次句澨（文十六）左尹子重侵宋而王待諸郔（宣十一）子辛皇辰侵宋而子重為後鎮（成十八）晉伐鄭晉侯衛侯次于戚（襄元）秦伐晉楚子師于武城（哀九）吳侵楚養叔奔命子庚以師繼之（襄十三）楚五大夫圍徐而楚子次于乾谿以為援（昭十三）魯次督揚聲伯請逆于晉師（成十六）何謂分兵必分道以攻則奇以守則固以罷人則逸以息民

則不勞以備不虞則不敗繻葛之役鄭子元請爲左拒以當蔡衛右拒以當陳桓五鄢陵之役苗賁皇請分良以擊其左右成十六絞之役楚師分涉于彭桓十二羅之役羅與盧戎兩軍之桓十三王城之役鄭伯將王自圉門入虢叔自北門入莊廿二陽樊之役右師圍溫左師逆王僖廿五圍鄭之役晉軍函陵秦軍氾南僖三十北林之役齊宋門鄭東門荀罃自西郊以東侵舊許孫林父侵其北鄙而諸侯會于北林襄十一平陰之役荀偃士匄以中軍克京茲魏絳欒盈以下軍克邿趙武

韓起以上軍圍盧而諸侯門其三門焚四郭襄十八楚伐庸分爲二隊子越自石谿子貝自仞文十六魯齊鄭伐宋魯敗宋師于菅而鄭師入郜入防隱十齊伐魯齊侯圍桃高厚圍防襄十七齊伐晉爲二隊以入孟門襄廿三吳圍潛楚五尹四出其師以救之而吳師不能退昭廿七知武子三分四軍以徼楚而門鄭三門襄九吳爲三師以肄楚而多方以誤之昭三十楚臨上雒左師軍于菟和右師軍于倉野哀四子朝之亂晉師軍于四地王師軍于三邑昭廿二單劉伐子朝于尹單子從阪道

劉子從尹道昭廿三其討儋翩之黨也單子伐穀城劉子伐儀栗單子伐簡城劉子伐孟定八伐楚之役齊桓公帥八國于召陵而江黃各守其境僖四詳胡傳伐鄭之役楚師次于魚陵右師次于旃然而銳師侵其五邑襄十八柢箕之役楚子使沈尹射待命于巢薳啟彊待命于雩婁昭五越子伐吳泓上之役爲二隧哀十三笠澤之役爲左右句卒哀十七稷曲之役老幼守宮哀十二是故宋皇瑗圍鄭師每日遷舍壘合而取之此用合者也哀九繻葛桓五鄢陵成十六三軍萃于王卒離城私卒誘

之而簡師會之襄廿五秦子蒲使楚人先戰吳而自稷會之定五庶長鮑先入晉地而武濟自輔氏以交伐晉師襄十一此以分爲合者也何謂嘗嘗試也晉人侵鄭以觀其可攻與否是也僖三十是故汾之役子庚曰臣請嘗之若可君而繼之不可收師而退襄十八欵鼻之役梁邱據曰若可師有濟也君而繼之若其無成君無辱焉昭廿六沂之役秦子蒲使楚人先戰以知吳道定五何謂險凡戰必知地之險阻而爲之制故有自迫于險者所謂置之死地然後生是也是以鄖有虞心

恃其城而無關志桓十范宣子出豹而閉之襄十三有憑險以自固者楚師舍鄭而晉亦患僖廿八楚飢且亂而謀徙于坂高文十六晉師納王使女寬守闕塞昭廿六孟孺子速塞海陘襄十六夙沙衛請守險而連大車以塞隧襄十八申鮮虞枕轡而寢于弇中襄廿五有戹人于險者蹇叔曰晉敗我必于殽殽有二陵焉僖三十三魏獻子伐狄曰困諸阨必克昭元衛殺馬于隘以塞道襄十八陳無宇濟水而戕舟發梁襄廿八棠之役吳入要楚師于皐舟之隘襄十四夾漢之役司馬戌欲塞大隧直轅冥

阨定四離姑之役武城人塞其前斷其後之木而弗殊
推而蹶之以取邾師昭廿三蓋獲之役齊氏使祝鼃寘
戈于車薪以當門而一乘從公孟昭二十有陷人于險
者子洩道吳從武城哀八是故徑師于險如防大敵故
齊爲二隊以入孟門襄廿三秦師入險而脫僖卅三楚師
過險而不整成十六而王孫滿姚句耳皆知其敗也有
自奮以出于險者欒鍼掀公以出于淖楚師薄于險
而叔山冉搏人以投俱成十六何謂整鄢陵之役欒鍼曰
好以衆整是也成十六故曰軍行如敵至戎伐鄭公子

突曰戎輕而不整隱九楚伐絞屈瑕曰絞小而輕輕則寡謀桓十二羅之役屈瑕亂次以濟桓十三鄖之役公子偃曰宋師不整可敗也莊十殽之役王孫滿曰秦師輕入險而脫必敗僖三十三巢之役巢牛臣曰吳王勇而輕我獲射之必殪襄廿五鍾離之役公子光曰帥賤而不能整可敗也昭廿三河內之役齊侯介而驅輕故無功定十三晉伐鄭蒐焉而還示之以整宣十四城濮之役子玉收其卒而止僖廿八邲之役士會之上軍未動宣十二故告不敗鄢陵之役陳而不整合而加囂故姚句耳

曰過險而不整不整喪列欒書曰楚師輕窕待其退而擊之必勝成十六析公曰楚師輕窕易震蕩也襄廿六公子光曰後者敦陳整旅昭廿二是以涉佗門于衛步左右立如植日中而衛不敢啟門定十陳成子救鄭違穀七里而穀人不知者哀廿七整也故句踐患吳之整也使罪人三行屬劍于頸以自剄吳師屬目而遂伐之定十四何謂暇欒鍼曰好以暇是也無事示之暇有事示之暇是故兩軍伐鼓而鍼執榼承飲成十六楚王薨樠木莫敖入盟隨侯且請為會也莊四遠市之役鄭

縣門不發楚言而出而楚兵不敢進莊廿九　邲之役樂伯兩馬掉鞅射麋以獻鮑癸魏錡射麋以獻潘黨宣十二　棘澤之役張骼輔躒踞轉而鼓琴襄廿四　平陰之役追喜以戈殺犬于門中孟莊子斬其橁為公琴州綽以枚數闔襄十八　陽虎舍五父之衢寢而為食定八　鄭人圍許而示晉不急君成九　雖然鍼之攝飲則可卻至之免冑趨風受弓肅使者則不可成十六　何謂眾兵有以少勝有以多勝少者奇兵也精兵也多者正兵也兵眾合之則眾分之則奇故眾不可忽也城濮之役晉

伐木益兵楚王少與子玉之師而敗僖廿八鞌之役郤克請八百乘而勝成二蕭魚之役諸侯悉師以復伐鄭而鄭伯受盟襄十一平陰之役晉斥山澤而旆之乘車者左實右僞以輿曳柴而齊侯脫歸襄十八鄢陵之役晉人曰國士在且厚不可當也成十六子重曰師衆而役可大戸悉師王卒盡行而晉人辟成二叔向曰諸侯有間不可以不示衆也建旆而諸侯畏昭十三故晉敗楚鄭入陳以七百乘僖廿八襄廿五捷菑之納鞍之勝以八百乘成二文十四鐵之戰陽虎以先驅之旆益兵車而衛

太子自投于車下（哀三）何謂簡簡其精銳也鄭之役楚以銳師宵加于鄭（桓十）鄢陵之役郤至曰楚有六間王卒以舊舊不必良（成十）離城之役子彊曰簡師陳以待我（襄廿五）楚子重伐吳爲簡之師（襄三）孟氏使圉人之壯者築室于門外（定八）齊郈意茲以銳師伐河內（定十三）楚以銳師侵鄭五邑（襄十八）魯微虎欲宵攻王舍屬徒七百三踊于幕庭而得三百人（哀八）清之役冉有亦以武城人三百爲己徒卒（哀十一）泓上之役彌庸屬徒五千（哀十三）何謂一號令進退不二也吳入楚以班處宮而

夫槩子山爭（定四）魯入邾處公宮而師晝夜掠（襄七）皆無號令者也故鄭子展子產入陳命師無入公宮而親御諸門使其衆男女別而纍而數俘以出（襄廿五）管子曰夜戰多火鼓晝戰多旌旗是以繻葛之戰命二拒曰旝動而鼓（桓五）王黑以靈姑銔率請斷三尺焉而用之（昭十）廚人濮徇曰揚徽者公徒也（昭廿一）孟氏望見叔孫之旌而伐公徒（昭廿五）楚子將乘右廣屈蕩曰君以此始必以此終（宣十二）欒書將載晉侯鍼曰侵官失官離局有三罪（成十六）知伯視齊師馬駭而驅之及壘曰

齊人知余旗其謂余畏而反也(哀廿三)遷延之役諸侯無功(襄十四)河曲之役趙穿出而皆戰呼而止故亦無功(文十二)楚爲舟師伐吳不爲軍政(襄廿四)晉侵陽州無軍政(定八)皆無功伍員曰楚執政衆而乖莫適任患必大克之(昭三十)楚以諸侯救州求帥賤多寵政令不一故大敗單子劉子伐子朝于尹而單子先至故亦敗俱(昭廿三)子木遠以右師先子彊帥左師以退而幾爲吳禽(襄廿五)清之敗左師次雩門五日右師乃從而樊遲三刻踰溝(哀十一)何謂勸激而厲之自抑以作其怒者

皆是也勸道有四曰恩曰威曰忿曰身楚伐蕭王巡三軍拊而勉之三軍之士如挾纊宣十二齊侯伐河內斂諸大夫之軒惟邴意茲乘軒定十三此以恩勸者也晉圍偪陽荀罃謂偃與匄曰七日不克必爾乎取之襄十孫蒯追殖綽弗敢擊文子曰厲之弗如襄廿六此以威勸者也新里之役宋公巡曰國亡君死二三子之辱昭廿餘皇之役公子光請于衆曰喪先生之乘舟豈惟光之罪衆亦有焉昭十七此以忿勸者也齊侯親鼓而士陵城成二莒子親鼓以獲杞梁襄廿三荀偃士匄親

受矢石以滅偪陽（襄十）鞌之役郤克流血及屨鼓音不絕齊侯三入三出出齊師以帥退（成二）鐵之役趙簡子伏弢嘔血而鼓音不衰（哀二）東郭書先登（定九）陳成子衣製杖戈而助鞭馬（哀廿七）范鞅用劍以帥退（襄廿三）烏枝鳴請去備用劍以敗華氏（昭廿一）衛侯曰寡人當其半（定九）此以身勸者也且夫賞當功罰當罪恩威之用勸之大者也曰信曰同恩之大者也恩威行夫然後人輕死何謂死凡遇強敵必有致死之人攻城必有先登之士（如潁考叔敝無存東郭書犂彌之屬）箕之役先軫免冑而入狄

僖三十三彭衙之役狼瞫以其屬馳秦師（文二）棫林之役欒鍼亦馳秦師（襄十四）新築之敗石稷請止（成二）鄢陵之役唐苟亦請止（成十六）華不注之逐張侯曰擐甲執兵固即死也（成二）故長岸之役子魚先死（昭十七）夫槩王曰今日我死楚可入也（定四）文之鍇執弓而先曰如牆而進多而殺二人（哀四）是以吳王曰此同車國未可望也（哀八）而吳越皆有自剄之士（定十四）是故致之死地而後生致亡而後存者皆死也秦伯伐晉濟河焚舟（文三）賓媚人請背城借一（成二）苑羊牧之使庚輿過烏存（昭廿三）范

鞅烏枝鳴用劍（襄廿三）（昭廿一）是故卻至曰各顧其後莫有鬭心我必克之（成十六）鄖有虞心而恃城以敗于蒲騷也（桓十一）艾陵之役齊人歌虞殯具含玉壽約聞鼓相厲以死（哀十一）泓上之役彌庸怒姑蔑之旗（哀十三）而敗且獲者天也何謂物兵之變無所不有故物無所不備頴考叔以旗蝥弧先登（隱十一）王黑以靈姑銔率（昭十）乘邱之役魯莊公以金僕姑射南宮長萬（莊十）鬭椒之亂楚子曰文王克息獲三矢伯棼竊其二盡于是矣（宣四）邲之敗知莊子抽矢菆納廚子之房以獲穀臣襄

老宣十二公孫翩以兩矢門之而衆莫敢進哀四楚武王
授師孑焉以伐隨莊四冉有用矛于齊師哀十一范鞅鳥
枝鳴用劍襄廿三昭廿一是以慶氏之士釋甲束馬而四族
介其甲以攻子之襄廿八齊武子失弓而罵昭廿六公徒
釋甲執氷而踞昭廿五陽州傳六鈞之弓而顏高
斃者定八物失于身故也是故烏餘介于高魚之庫襄廿
六伯有介于襄庫襄三十子重簡師爲組甲被練襄三雩
門莊十城濮僖廿八以虎皮晉車七百乘韅靷鞅靽城濮
伐木以益兵僖廿八邲嬰齊使其徒先具舟于河宣十二

武城黑曰吳用木也我用草也不如速戰定四舉彌之亂皆執利兵無者執斤哀廿五物也是以晉惠公乘小駟而還于濘物不便也僖十五棘澤之役晉求御于鄭襄廿四中公巫臣舍偏兩之一與其射御以教吳乘車者成七物便也物莫急于食虎牢下令于諸侯曰修器備盛餱糧襄九黃父趙簡子令大夫輸王粟具戍人曰將納王昭廿五吳伐齊城邗溝通江淮以輸糧昭廿五楚伐宋築室反耕者宣十五是故楚人伐鄭子展曰楚師遼遠糧食將盡必速歸襄八而申叔儀登首山以呼庚

癸者哀十三物匱也城濮僖廿八鄢陵成十六晉人楚軍三日穀赤狄侵晉取向陰之禾宣七吳人食楚人之食而從之定四衛太子獲齊粟千車哀二鄭人取周之禾麥隱三諸侯取鄭禾麥隱四白公曰焚庫無聚哀十六而楚取陳麥者哀十七因物于敵也斬行栗襄九伐雍門之荻襄十八井堙木刊者襄廿五耗敵物也楚人予鄭金盟曰無以鑄兵僖十八不以物予敵也且夫資于水火以克敵物之大者也是故吳防山以水徐昭三十知伯決汾水以灌襄子襄廿七見國語秦毒涇以死諸侯之師襄十三廩邱

焚衝或濡馬褐以救之（定八）鄭子駟盟國人以焚子如之軍于市（成十三）諸侯焚齊雍門四郭申池之竹木（襄十八）尹文公涉于鞏而焚東訾（昭廿五）楚焚吳師于麇（定五）陽虎焚萊門驚魯師以犯之而出（定九）子路欲燔臺半以舍孔叔（哀十五）工尹固燧象以奔吳師（定五）何謂變非常之謂變故曰濟變有術處變事知其權是也楚武王卒闕屈除道梁溠營軍臨隨濟漢而後發喪（莊四）昭王卒子閭與子西子期謀潛師閉塗逆子章立而後還（哀六）子期逃王而已爲王（定四）子西爲王輿服以保路

定五棄疾殺囚衣之王服流諸漢而葬之昭十三厨人濮狗曰楊徽者公徒也畏首而荷以走曰得華登昭十一乾時之役秦子梁子以公旗辟于下道莊九鄢陵之役楚晨壓晉軍而陳范匄曰塞井夷竈而疏行首石首納鄭伯之旌于弢中曰衛懿公不去其旗是以敗于熒俱成十六趙鞅撫劍持帶劫魏舒之公襄廿三魏舒毀車用徒昭元莒夷以殺女脅陽虎而脅師不敗定七北宮氏之宰不與聞謀殺渠子而滅齊氏昭二十孟氏選圉人之壯者築室于門外林楚怒馬及衢而騁以免季孫

定入知莊子求人子以得吾子宣十二曾求王子姑曹以當子服何哀入重賂越人申開守陴而納公哀廿六司馬子仲請瑞以攻桓氏哀十四子家羈以日入慝作請許季平子昭廿五申包胥立哭七日夜以請救于秦定四茅夷鴻以茅叛而東帛乘韋自請救于吳哀七弦高以乘韋牛十二犒秦師陽處父釋左驂以公命命孟明俱僖三十三楚子告息矢宣四葉公胄免胄哀十六何謂將將將是也謀與法待將而行不得其將辟之前艫中檣後舳百丈修五兩縣萬斛之舟具而使童子操焉可必

覆也魏子曰將將多術矣將以智以勇以能以功以習以名以位以齒以世以卜以怒郤縠說禮樂而敦詩書僖廿七原軫尚德僖廿八則非智勇也孟明荀林父敗則非功能也觀丁父彭仲爽俘則非名也哀十七見前樊須弱而爲右哀十一則非齒也荀偃將中軍趙武將上軍襄十三則非位也冀缺之父有罪僖三十三年則非世也公孫寧以舊志帥哀十八則非卜也孫叔敖之郯宣十二欒武子之桑隧成八則非怒也然而闘廉荀吳以智魏犨以勇僖廿八見前趙盾以能文六季札哀十年帥師時九十餘伯

游以齒士匄以習（俱襄十三）寢尹工尹以功（哀十八）叔孫得臣以卜（文十一）先且居（僖三十三）狐射姑（文六）公孫朝（哀十七）以世卻克（成二）子胥（定四）以怒齊帥賤而菀羊牧之輕之（昭廿三）褚師圃敗之（定九）楚帥賤而公子光敗之（昭廿三）不以名位也晉從政者新而楚易之（成十二）不以習也秦不用蹇叔而敗于殽（僖三十三）楚不用申叔時而敗于鄢陵（成十六）不以齒也慶鄭吉不從而獲于韓（僖十五）不以卜也狠瞫黜而死于彭衙（文二）不以勇也然而高固之輦以勇（成二）子玉之城濮以能（僖廿八）屈瑕之羅以巧（桓十三）

趙穿之河曲以怒（文十二）艾陵之國子以世東郭書以習（哀十一）長狄僑如之鹹以齒（文十一）侵魯（時百餘歲）魏子曰夫將者三軍之司命將不可不愼也是以子瑕卒而楚師熸（昭廿三）向魋逃歸而鄭取宋師（哀十三）高克之河上以嫌將者也（文二）文公憂得臣而楚殺之（僖廿八）是自棄其將也宋取鄭師令曰有能者無死（哀九）叔向謂范宣子曰子爲彼欒氏是亦子之勇也（襄廿一）是以析公雍子苗賁皇謀晉子靈謀吳伯州犁謀楚（俱見前）皆遺敵以將者也豫弗許而行（隱元）翬弗許而固請（隱四）慶父餘

邸莊二仲遂郲僖三十三杞僖廿七詳胡傳皆權替于上則兵專于下矣晉之命將也必于蒐與衆共之也衆人予之而一人奪之陽處父所以侵官賈季所以作亂也文六新軍無帥難其人而攝于下軍襄十三愼之至也宦寺不可以與軍故寺人貂漏師而齊亂僖二夙沙衛以索馬牛還師而君子知靈公之爲靈也襄二

兵法跋

兵法亦勺庭讀左氏作爲法二十有二詳其目亦謀之屬也謀之屬曷爲言法謀在兵之先兵之後慮遠而不可猝見者命之謀謀在臨事者命之法涑水通鑑遇言用兵之法皆備載其委曲雖出于僞朝賊將苟有可用亦采錄不廢益兵以正出以奇用不軌于正不足以鎮紛不窮其奇不足以應變奇正皆備本未兼賅用兵之道于是乎神魏季李子曰兵謀兵法二篇與韓非內外儲同格如此文定非如此格不得

是卽謂先生以文法言兵以兵法作文亦無不可甲

辰初夏吳江沈楙悳識

乾坤大略總序

有人問余山居何事余舉所詠詩以示之曰茅齋講書罷執杖臨前澗驅驢就茂草坐石讀古詞好鳥時來語聽之頓忘疲山翁行徑復何餘事哉然性不平好武健雅不欲以腐木爛草擲此生平雖巢棲薇茹時一室叫跳輒覺鬚眉如刀槊豎故獨慕陳同甫之好談霸王大略又悅其倚天而號提劍而舞爲有眞英雄風度也十年間胸中壘塊悉譜之於居諸編一書淋漓慷慨之致每一披吟輒擊節徘徊欲歌欲泣自謂此志不肯輕以示人然尙嫌其意旨統括闊遠未盡明英雄撫時及事之務及經理規爲之次

第故復熟覽天下之大勢推求古今帝王得失成敗之機劃然剖其所以然如明鏡照面髭髮可數然後標爲十目各成一卷摭以古事定以今評雖不敢謂掌上山河觀紋可竟眼底雌雄坐談能決然而智能之所以撲圖英武之所以揮霍項劉興亡較若黑白陳韓勝負捷於影響蓋已嘔心瀝血而出之矣嗟乎煙巒朝翠松風夕爽春花如繡秋林若染是間一間牧豎蕘藿不充耳何用此咄咄奇事爲曰此山人之所以爲山人也生來一點血性既不肯塗朱傅粉爭妍取憐於世人又不發抒於雄編偉略以洩其憤懣不平之氣將所謂刀槊鬚眉稜稜霄漢者竟消沈於

嫩蘿弱薜間碌碌與草木朽不幾令青山笑人哉傅巖渭水何曾貯此空疎無用輩噫是編也成庶幾稍不落寞令而後吾可以隱矣獻縣五公山人王餘佑自序

序

乾坤大略十卷補遺一卷五公山人所著名曰此書者也予宰蕭水時已鈔錄成帙讀其跋語謂十卷挨次而進各有深意不可以一絲亂又云一字不可增減一字不可顛倒慎勿妄生揣摩致啟參錯反亂定畫而細閱卷中往往事不歸類躋駮頗多心竊疑之未甚究也歲甲寅春暮山人之裔孫王懋亭茂才來饒攜其先人藏書數種內有此書原本因重校一周始知篇中錯雜重復之處爲後人所竄入而原書固自融貫也當是時籌防吃緊到處戒嚴韜鈐攻守之術尤爲救時良劑予深喜得覩此書原本爰重

錄之以復其舊其所竄入十三條刪其重復另記於後以資參覽並以見前輩經綸世宙之作全體大用具有深心後人不得夸多妄為增益云咸豐四年歲次甲寅天中節後十日辰州後學秦聚奎謹識於饒川官署

乾坤大略卷一自序

兵之未起其說甚長不必詳也已起矣貴進取貴疾速進取則勢張疾速則機得呼吸間耳成敗判焉此不可不知所向也而所向又以敵之强弱爲準敵弱或可直衝其腹敵强斷宜旁翦其支此定理也翦其支者云何曰避實而擊虛也乘勢而趨利也避實擊虛則敵駭不及圖如自天而下乘勢趨利則我義聲先大振而遠近向風不觀唐太宗之趨咸陽乎進乃勝矣不觀黥布之歸長沙乎退乃敗矣微乎其不可以一瞬失也霸王大略此其首矣故不惜備錄之知其說者夫固無餘蘊焉耳若夫一時之利鈍一

事之堅瑕又何足云

乾坤大略目錄

克敵在勿欲速

補遺一卷

乾坤大略卷一　　畿輔叢書

獻縣王餘佑著

兵起先知所向

楚圍滎陽益急漢將軍紀信曰事急矣臣請誑楚乃乘王車出東門曰食盡漢王降楚楚皆之城東觀王乃令周苛守滎陽而與數十騎出西門去羽燒殺信王入關收兵欲復東轅生曰願君王出武關羽必南走王深壁勿戰令滎陽成皋間且得休息而韓信等亦得安輯趙地連燕齊王乃復還滎陽則楚備多而兵力分復與之戰破之必矣王從之羽果南王不與戰會彭越破楚軍殺薛公羽東擊越漢王復軍成皋

項羽既破彭越還拔滎陽烹周苛遂圍成皐漢王逃去北渡河宿小修武晨自稱漢使馳入趙壁張耳韓信未起即臥內奪其印符以麾召諸將易置之令耳守趙信收趙兵未發者擊齊楚遂拔成皐欲西王欲捐成皐以東而屯鞏洛以拒楚酈生曰王者以民爲天而民以食爲天夫敖倉天下轉輸久矣聞其下藏粟甚多楚拔滎陽不堅守敖倉乃引而東此天所以資漢也願急進兵收取滎陽據敖倉之粟塞成皐之險杜太行之道距蜚狐之口守白馬之津以示諸侯形制之勢則天下知所歸矣王乃復謀取敖倉

吳王起兵殺漢吏膠西膠東菑川濟南楚趙亦皆反合兵

破梁棘壁乘勝銳甚梁遣將軍擊之皆敗還走乃拜周亞
夫爲太尉將三十六將軍往擊吳楚遣酈寄擊趙欒布擊
齊竇嬰屯滎陽監齊趙兵周亞夫言於上曰楚兵剽輕難
與爭鋒願以梁委之絕其食道乃可制也上許之亞夫乘
六乘傳將會兵滎陽發至霸上趙涉遮說亞夫曰吳王素富
懷輯死士久矣知將軍且行必置閒人於殽澠阨陿之
閒且兵事尚神密將軍何不從此右去走藍田出武關抵
洛陽閒不過差一二日直入武庫擊鳴鼓諸侯聞之以爲
將軍從天而下也亞夫如其計至洛陽喜曰吾乘傳至此
不自意全今吾據滎陽滎陽以東無足憂者使吏搜殽澠

間果得吳伏兵乃請涉爲護軍而東北壁昌邑吳攻梁急梁數使使求救亞夫不許又愬於上上使告亞夫救梁亞夫不奉詔而使輕騎出淮泗口絕吳楚兵後塞其糧道梁使韓安國張羽爲將軍羽力戰安國持重乃得頗敗吳兵吳兵欲西梁城守不敢西卽走漢軍亞夫堅壁不戰軍中夜驚內相攻擊擾亂至帳下亞夫堅卧不起頃之復定吳奔壁東南陬亞夫使備西北已而其精兵果奔西北不得入吳楚士卒多饑死叛散乃引而去二月亞夫出精兵追擊大破之吳王棄軍夜亡走楚王自殺吳王之初發也其臣田祿伯曰兵屯聚而西無他奇道難以立功臣願得五

萬人別循江淮而上收淮南長沙入武關與大王會此亦
一奇也王太子諫曰王以反爲名此兵難以屬人人亦且
反王奈何王卽不許祿伯桓將軍曰吳多步兵步兵利險
漢多車騎車騎利平地願大王所過城不下直去疾西據
洛陽武庫食敖倉粟阻山河之險以令諸侯雖無入關天
下固已定矣大王徐行留下城邑漢軍車騎至馳入梁楚
之郊事敗矣王亦不用竟走死
漢高以陽夏侯陳豨爲代相國監趙代邊兵豨反上自擊
之至邯鄲喜曰豨不據邯鄲而阻漳水吾知其無能爲矣
周昌奏常山亡二十城請誅守尉上曰守尉反乎對曰不

上曰是力不足無罪令昌選趙壯士可將者白見四人封各千戶以爲將左右諫曰封此何功上曰非汝所知陳豨反趙代地皆豨有吾徵天下兵未有至者今計獨邯鄲中兵耳吾何愛四千戶不以慰趙子弟又聞豨將皆故賈人上曰吾知所以與之矣乃多以金購之豨將多降

黥布反上召故楚令尹薛公問之對曰東取吳西取楚并齊取魯傳檄燕趙固守其所山東非漢之有此上計也東取吳西取楚并韓取魏據敖倉之粟塞成皋之險勝敗之數未可知此中計也東取吳西取下蔡歸重於越身歸長沙陛下高枕而臥矣此下計也上曰是計將安出對曰布

以驪山之徒自致萬乘此皆爲身不顧後慮者也必出下計黥布東擊荆荆王賈走死擊楚楚與戰徐僮間爲三軍欲以相救爲奇或曰布善用兵民素畏之且兵法諸侯自戰其地爲散地今别爲三彼敗吾一軍餘皆走安能相救不聽果散布遂引兵西

虞詡爲朝歌長始到謁河內太守馬稜稜曰君儒者當謀謨廟堂乃在朝歌甚爲君憂之詡曰此賊犬羊相聚以求溫飽耳願明府不以爲憂稜曰何以言之詡曰朝歌背太行臨黃河去敖倉不過百里而靑冀之民流亡萬數賊不知開倉招衆劫庫兵守成皋斷天下右臂此不足憂也今

其衆新盛難與爭鋒兵不厭權願寬假轡策勿令有所拘閡而已及到官設三科以募壯士掾史以下各舉所知攻劫者爲上傷人偷盜者次之不事家業者爲下收得百餘人又潛遣貧人能縫者傭作賊衣以采線縫其裾有出市里者吏輒禽之賊由是駭散縣境皆平

袁紹等諸軍討董卓畏其强莫敢先進曹操曰舉義兵以誅暴大衆已合諸君何疑向使董卓倚王室據舊京東向以臨天下雖以無道行之猶足爲患今焚燒宮室劫遷天子海內震動不知所歸此天亡之時也一戰而天下定矣酸棗諸軍十餘萬日置酒高會不圖進取操責讓之

因爲謀曰諸將聽吾計使渤海引河內之衆臨孟津酸棗諸將守成皋據敖倉塞軒轅太谷全制其險使袁將軍率南陽之軍軍丹析入武關以震三輔皆高壁深壘勿與戰益爲疑兵示天下形勢以順誅逆可立定矣今兵以義動持疑不進失天下望竊爲諸君恥之邈等不能用操乃還屯河內

鮑信謂曹操曰袁紹爲盟主因權專利將自生亂是復有一卓也抑之則力不能制且可規大河之南以待其變曹善之會黑山白繞等十餘萬衆略東郡操引兵擊破之袁紹因表操爲東郡太守治東武陽

孫堅舊將朱治見袁術政德不立勸孫策歸取江東

昭烈恥關羽之歿將擊孫權將軍趙雲諫曰國賊曹操非孫權也若先滅魏則權自服今操雖斃子丕簒盜當因眾心早圖關中居河渭上流以討凶逆關東義士必裹糧策馬以迎王師不應置魏先與吳鬬兵勢一交不得卒解非良策也

魏文欽以驍果見愛於曹爽而毌丘儉素與夏侯元李豐善至是皆不自安儉乃以計厚待欽儉子甸謂儉曰大人居方岳重任國家傾覆而晏然自守將受四海之責矣於是儉矯太后詔起兵壽春移檄州郡以討司馬師又遣使

邀鎮南將軍諸葛誕誕斬其使儉將兵五六萬衆渡淮至項堅守使欽在外爲遊兵師問計於河南尹王肅肅曰昔關羽有北向爭天下之志孫權襲取之今將士家在內州但急往禦衞使不得前必有土崩之勢矣時師新割目瘤創甚或謂不宜行肅又與尚書傅嘏中書侍郎鍾會勸師自行師疑不決嘏曰淮楚兵勁其鋒未易當若諸將戰有利鈍則公事敗矣師蹶然起曰我請輿疾而東以弟昭兼中領軍留守洛陽師又問計於光祿勳鄭袠袠曰儉好謀而不達事情欽勇而無算今大軍出其不意江淮之卒銳而不能固宜深溝高壘以挫其氣此亞夫之長策也荊州

刺史王基言於師曰淮南之逆非吏民思亂也畏儉等迫脅是以屯聚若大兵一臨瓦解必矣師從之以基爲前軍旣復令基停駐基曰儉等詐謀已露眾心疑阻不張示威形以副民望而停軍高壘有似畏懦非用兵之勢也若儉欽略民以自益而州郡兵家爲賊所得者更懷離心此爲措兵無用之地而成姦宄之源吳寇因之則淮南非國家有矣軍宜速據南頓南頓有大邸閣計足四十餘日糧保堅城因積穀先人有奪人之心此平賊之要也師聽之進據瀙水閏月次瀙橋基復曰兵聞拙速未覩巧久議者多言將軍持重持重非不行之謂也進而不可犯耳今以積

實資虜而遠運軍糧甚非計也師猶未決基曰將在軍君令
有所不受彼得則利我得亦利是謂爭地南頓是也遂輒進
據之儉等亦往爭聞基先到乃還吳孫峻率兵襲壽春師
命諸軍深壁以待來軍之集諸將請進攻項師曰淮南將士
本無反志儉欽欺誘與之舉事少與持久詐情自露將不
戰而克矣乃遣諸葛誕自安風向壽春胡遵出譙宋絕其
歸路儉欽進不得鬬退恐壽春見襲計窮不知所爲將士
家皆在北降者相屬兖州刺史鄧艾將萬餘人趨樂嘉城
儉使欽襲之師自汝陽潛兵就艾欽猝遇之未知所爲其
子鴦年十八勇力絕人謂之曰及其未定擊之可破也於是

分爲二隊夜夾攻之鴦率壯士先至鼓譟軍中震擾師驚駭病目突出恐衆知之嚙被皆破欽失期不應會明鴦見兵盛乃還欽引而東鴦以匹馬拒追騎數千所向披靡人莫敢逼殿中人尹大目故曹氏家奴從師行知師目出啟云欽本明公腹心素與大目相信乞爲公追解之乃乘馬追欽謂曰君侯何苦不可復忍數日中也欽殊不悟乃更怒罵欲射之大目涕泣曰世事敗矣善自努力儉聞欽退恐懼夜走壽春亦潰孫峻進至槖皋欽以孤軍無繼不能自立遂詣峻降儉走愼縣人就殺之

姜維復議出軍征西大將軍張翼廷爭以爲國小民勞不

宜黷武不聽維遂將數萬人至枹罕魏雍州刺史王經與戰於洮西大敗死者萬計還保狄道城翼謂維曰可以止矣進或毀此大功爲蛇畫足維大怒遂圍狄道魏詔鄧艾行安西將軍與征西將軍陳泰并力拒維泰進軍隴西諸將皆曰王經新敗蜀衆太盛今以烏合之卒當之殆必不可不如據險自保觀釁待敝此計之得也泰曰維輕兵深入正欲與我爭鋒原野求一戰之利當高壁深壘挫其銳氣今乃與戰使賊得計經既破走維若以戰克之威進兵東向據櫟陽積穀之實招納羌胡東爭關隴傳檄四郡此我之所惡也今乃以乘勝之兵挫峻城之下攻守勢殊客

主不同吾乘高據勢臨其項領不戰必走矣遂進軍潛行夜至狄道東南高山上多舉烽火鳴鼓角維不意救兵卒至急攻不克乃遁而還泰每以一方有事輒以虛聲動擾天下故希簡上事驛書不過六百里大將軍昭曰陳征西沈勇能斷救將陷之城而不求益兵大將不當爾耶（秦校原本無此條）

正月朔長樂公丕大會賓客請慕容農不得始覺有變遣人四出求之乃知其在列人已起兵矣慕容垂稱燕王帥眾二十萬自石門濟河長驅向鄴而農亦驅列人居民爲卒使趙秋說屠洛及東夷烏桓各率部眾數千赴之攻破館陶眾至數萬推農爲驃騎大將軍農以垂未至不敢行

賞趙秋曰軍無賞士不往今之來者皆欲建功規利宜承制封拜以廣中興之基農從之於是赴者相繼農號令整肅軍無私掠士女喜悅長樂公丕使石越討之農曰越有智勇之名今不南拒大軍而來此是畏王而陵我也必不設備可以計取之衆請治列人城農曰今起義兵惟敵是求當以山河爲城池何列人之足治乎越至列人西農參軍趙謙請急擊之農曰彼甲在外我甲在心晝戰則士卒見其外貌而憚之不如待暮擊之可以必克令戰士嚴備以待毋得妄動越立柵自固農笑曰越兵精士壯不乘其初至之銳以擊我方更立柵吾知其無能爲也向暮農鼓譟出

陳於城西牙門劉本帥壯士四百。騰柵而入農大衆隨之

大敗秦兵斬越

劉裕從徐兗刺史桓修入朝與劉毅何無忌孟㫤及裕弟

道規諸葛長民等相與合謀起兵討宏據廣陵長民爲刁

逵參軍使殺逵據歴陽宏達皆元黨也裕託以游獵與無

忌收合徒衆得百餘人詰旦京口門開無忌著傳詔服稱

敕使居前徒衆隨之入斬桓修孟㫤勸桓宏其日出獵天

未明開門出獵孟㫤與劉毅劉道規帥壯士數十人直入

斬之因收衆濟江衆推裕爲盟主總督徐州事以㫤爲長

史守京口裕帥二州之衆千七百人軍於竹里移檄遠近

元加桓謙征討都督謙等請亟遣兵擊裕元曰彼兵銳甚計出萬死若有蹉跌則彼氣成而吾事去矣不如屯大眾於覆舟山以拒之彼空行二百里無所得銳氣已挫忽見大軍必驚愕我按兵堅陣勿與交鋒彼求戰不得自然散走此策之上也謙等固請乃遣吳甫之皇甫敷相繼北上元憂懼特甚或曰裕等烏合微弱勢必無成何慮之深元曰劉裕足為一世之雄劉毅家無擔石之儲摴蒲一擲百萬何無忌酷似其舅共舉大事何謂無成桓謙與何澹之屯覆舟山裕先使羸弱登山多張旗幟以油灌諸木枝燃之火光徧滿山谷元不知測裕乃與劉毅等分數隊進突

謙軍皆殊死戰無不以一當百時東北風急毅軍縱火煙
塵漲天鼓譟之音震駭京邑謙等諸軍一時奔走
徐道覆聞劉裕北伐勸盧循襲建康不從自至番禺說之
曰本住嶺外豈將以此傳之子孫耶正以劉裕難與爲敵
也今裕頓兵堅城之下未有還期我以此思歸死士掩擊
何劉之徒如反掌耳不乘此機而苟求一日之安裕平齊
後以璽書徵君自將屯豫章遣諸將帥銳師過嶺恐將
軍不能當也若先克建康傾其根蒂裕雖南還無能爲已
循乃從之初道覆使人伐材於南康山至始興賤賣之居
人爭市之至是悉取以裝艦旬日而辦循自始興寇長沙

道覆寇南康廬陵豫章皆陷之道覆順流而下舟楫甚盛朝廷急徵裕裕方議留鎮下邳經營司雍會得詔乃以韓範爲都督八郡軍事封融爲渤海太守引兵還何無忌自尋陽引兵拒盧循長史鄧潛之諫曰循兵艦盛勢居上流宜決南塘守二城以待之彼必不敢捨我遠下蓄力養銳俟其疲老然後擊之此萬全之策也今決成敗於一戰萬一失利悔將無及參軍殷闡曰循所將皆三吳舊賊百戰餘勇始興溪子拳捷善鬬宜留屯豫章徵兵屬城兵至合戰未爲晚也無忌不聽與徐道覆遇於豫章賊令强弩數百登山邀射乘風暴急遂以大艦逼之衆遂奔潰無忌遂

握節而死劉毅將自拒盧循裕與書曰賊新獲利其鋒不可輕今修船垂畢當與弟同舉又遣劉藩諭止之毅怒謂藩曰往以一時之功相推耳汝謂我眞不及劉裕耶投書於地帥舟師二萬發姑孰五月與循戰於桑落洲毅兵大敗棄舟步走其衆皆爲循所虜循聞裕已還與其黨相視失色欲退還尋陽取江陵據二州以抗朝廷徐道覆謂宜乘勝徑進固爭累日循乃從之裕募人爲兵賞賜同京口赴義之科發民治石頭城議者謂宜分兵守津要裕曰賊衆我寡若分兵屯守則人測虛實且一處失利則沮三軍之心今聚兵石頭隨宜應赴旣令彼無以測又於衆力不

分若徒旅漸集徐更論耳時劉毅新敗人情洶懼將士北還者多瘡病建康戰卒不盈數千循戰士十餘萬舟車百里樓船高十二丈孟昶諸葛長民欲奉乘輿渡江以避其鋒裕不聽參軍王仲德謂裕曰明公新建大功威震六合妖賊既聞凱還自當奔潰若先自遁逃則勢同匹夫何以威物裕甚悅昶固請不已裕曰今重鎮外傾強寇內逼人情危駭莫有固志若一旦遷動便自土崩瓦解江北亦豈可得至設令得至不過延日月耳今兵雖少自足一戰若其克濟則臣主同休苟厄運必至我當橫尸廟門遂其由來以身許國之志不能草間求活也昶恚甚請死裕怒曰

卿且一戰死復何晚晷乃抗表曰臣贊北伐之計使狂賊乘間至此謹引咎以謝天下乃仰藥而死循至淮口中外戒嚴瑯琊王德文都督宮城裕屯石頭謂將佐曰賊於新亭直進其鋒不可當宜且避之若回泊西岸此成禽耳道覆請於新亭至白石焚舟而上數道進攻循曰大軍未至孟晷望風而自裁以大勢言之當計日潰亂今決勝負於一朝旣非必克之道且多殺傷士卒不如按兵待之道覆嘆曰我終爲盧公所悞事必無成使我得爲英雄驅馳天下不足定也裕登城見循軍引向新亭顧左右失色旣而回泊蔡洲乃悅遂柵石頭淮口修治越城築查浦藥園廷

尉三壘皆以兵戍之明日循伏兵南岸使老弱乘舟向白石聲言悉眾自白石步上裕留沈林子徐赤特戍南岸斷查浦戒令堅守勿動裕北出拒之林子曰妖賊此言未必有實宜為之防裕曰石頭城險淮柵甚固留卿在後足以守之矣又明日循焚查浦赤特將擊之林子曰眾寡不敵不如守險以待大軍赤特不從出戰大敗林子據柵力戰賊乃退裕帥諸軍馳還石頭斬赤特出陣於南塘

宋休範帥眾二萬騎五百發尋陽以書與諸執政稱運長等蠱惑先帝使建安巴陵無罪被戮請誅之朝廷惶駭蕭道成曰昔上流謀逆皆因淹緩致敗休範必懲前失輕兵

急下乘我無備今宜頓兵新亭白下堅守宮城東府石頭
以待賊至千里孤軍復無委積求戰不得自然瓦解我請
頓新亭以當其鋒破賊必矣袁粲聞難扶曳入殿內外戒
嚴道成遂屯新亭張永屯白下沈懷明戍石頭道成治壘
未畢休範前軍已至新林捨舟步上遣其將丁文豪別趨
臺城而自以大衆攻新亭道成拒戰移時外勢愈盛衆皆
失色休範白服登城以數十人自衛校尉黃回張敬兒謀
詐降以取之乃出城放仗大呼投降休範信之置於左右
回目敬兒奪休範防身刀斬之其將杜黑騾攻新亭甚急
遂北趨朱雀桁王道隆將羽林精兵在門內召劉勔於石

頭勔至命撤桁以折南軍之勢黑驢戰殺道隆勔中外大震會丁文豪之眾知休範已死稍欲退散許公輿詐稱桂陽王在新亭士民惶惑詣壘投刺者以千數道成皆焚之登城謂曰劉休範已就戮屍在南岡下我乃蕭平南也諸君諦視之刺皆已焚勿懼也即遣陳顯達等將兵入衛袁粲慷慨謂諸將曰今寇賊已逼而眾情離沮孤子受先帝付託不能綏靖國家請與諸君同死社稷被甲上馬將驅之於是顯達等引兵出戰大破黑驢文豪等皆斬之進克東府餘黨悉平 秦校原本無此條

沈攸之與蕭道成同直殿省相善攸之以道成名位素出

已下一旦專制朝權心不平於是勒兵移檄朝廷洶懼初道成以世子賾行郢州事修治器械以備攸之及徵賾爲左衛將軍賾乃薦司馬柳世隆自代謂曰攸之一旦爲變焚夏口舟艦沿流而東不可制也若得攸之留攻郢城必未能猝拔君爲其內我爲其外破之必矣及攸之起兵賾行至尋陽衆欲倍道兼行趨建康賾曰尋陽地居中流密邇畿甸留屯湓口內藩朝廷外援夏口保據形勝控制西南今日會此天所置也或以城小難固左中郎將周山圖曰今據中流爲四方勢援不可以小事難之苟衆心齊一江山皆城隍也賾乃奉晉熙王燮鎮湓口道成聞之喜曰

眞我子也攸之至夏口自恃兵强有驕色主簿宗儼之勸攸之攻郢城功曹臧寅以郢城地險非旬日可拔若不時舉挫銳損威今順流長驅計日可捷既傾根本則郢城豈能自固攸之欲留偏師守郢城自將大衆東下柳世隆遣人挑戰肆罵穢辱之攸之怒改計攻城世隆隨宜拒應攸之不能克

魏高乾與前河內太守封隆之等襲信都奉隆之行州事爲敬宗舉哀將士皆縞素升壇誓衆移檄州郡共討爾朱氏殷州刺史爾朱羽生襲之高敖曹不暇擐甲將十餘騎馳擊之羽生敗走敖曹馬矟絕世左右無不一當百高歡

屯壺關聲言討信都衆懼高乾曰吾聞晉州雄略蓋世其志不居人下且爾朱無道弑君虐民正是英雄立功之會今日之來必有深謀吾當輕馬迎之諸君勿懼乃潛謁歡於滏口說之曰爾朱酷逆痛結人神明公威德素著天下傾心若兵以義立則屈强之徒不足爲明公敵矣鄗州雖小戶口不減十萬穀秸之稅足濟軍資願熟思之歡大悅與同帳寢（秦校原本無此條）

高歡將起兵討爾朱氏斛律金庫狄干與婁昭段榮皆勸成之歡乃詐爲書稱爾朱兆將以六鎮人配契胡爲部曲衆皆憂懼又爲并州符徵兵討步落稽乃發萬人將遣之

孫騰尉景爲請留五日如此者再歡親送之郊雪涕執別衆號慟歡乃諭之曰與爾俱爲失鄉客義同一家不意在上徵發乃爾今直西向已當死後軍期又當死配國人又當死奈何衆曰唯有反耳歡曰然當推一人爲主誰可者衆推歡歡曰爾不見葛榮乎雖有百萬之衆曾無法度終自敗滅今以吾爲主當與前異毋得陵漢人犯軍令生死任吾則可不然不能不爲天下笑衆皆頓首曰死生唯命歡乃椎牛饗士起兵信都亦未敢顯言叛爾朱氏也會李元忠舉兵逼殷州歡令高乾救之乾輕騎入見刺史爾朱羽生因斬之持首謁歡歡撫膺曰今日反決矣乃以元忠

爲殷州刺史抗表罪狀爾朱氏斛律金敕勒酋長也嘗爲懷朔軍主行兵用匈奴法望塵知馬步多少嗅地知軍遠近侯景聞臺軍討已問策於王偉偉曰邵陵若至必爲所困不如決志東向直掩建康臨賀反其內大王攻其外天下不足定也兵貴神速今宜即進景乃詐稱出獵十月襲譙州執刺史蕭泰攻歷陽太守莊鐵以城降因說景曰國家承平日久人不習戰聞大王舉兵內外震駭宜乘此際速趨建康可兵不血刃而成大功若使朝廷徐得爲備遣羸兵千人直據采石雖有精甲百萬不得濟矣景以鐵爲導引兵臨江梁主問策於尚書羊侃侃請以二千人急據采

石令邵陵王襲取壽陽使景進不得前退失巢穴烏合之衆自然瓦解朱异曰景必無渡江之志遂寢其議羊侃曰今茲敗矣景聞之喜曰吾事辦矣乃濟江建康大駭梁主悉以內外軍付太子以宣城王大器都督城內軍事羊侃爲軍師副之秦校原本無此條

湘東王繹以王僧辯爲大都督帥諸將東擊侯景至巴陵聞郢州陷因留戍之繹遺僧辯書曰賊既乘勝必將西下不勞遠擊且守巴邱以逸待勞無不克矣又謂僚佐曰景若水陸兩道直指江陵此上策也據夏首積兵糧此中策也悉力攻巴陵下策也巴陵城小而固僧辯可任景攻不

拔野無所掠暑疫時起食盡兵疲破之必矣乃命徐嗣徽自岳陽杜崱自武陵引兵會僧辯景使丁和守夏首宋子仙爲前驅趣巴陵分遣任約直指江陵景帥大兵水步繼進於是緣江戍邏望風請服僧辯乘城固守偃旗臥鼓寂若無人景衆濟江執王珣等至城下使說其弟宜州刺史琳琳曰兄受命討賊不能死難曾不內慚翻欲陽誘取弓射之珣慚而退景百道攻城城中鼓譟矢石雨下殺賊甚衆景乃退僧辯著綬乘輿奏鼓吹巡城景軍饑疲疫死大半繹遣胡僧祐援巴陵

隋漢王諒有寵於高祖爲并州總管自山以東至海南距

河五十二州皆隸焉特許以便宜從事諒自以所居天下精兵處見太子勇蜀王秀得罪常不自安陰蓄異圖諮議參軍王頍者僧辯之子倜儻好奇略與蕭摩訶俱不得志每鬱鬱思亂皆為諒所親善贊其陰謀會熒惑守東井諒以儀曹傅奕曉歷星問之對曰東井黃道所經熒惑過之乃常理耳諒不悅及高祖崩煬帝以高祖璽書徵之先是高祖與諒密約若璽書詔汝敕字旁別加一點又與玉麟符合則就徵及發書無驗諒知有變遂發兵反司馬皇甫誕流涕苦諫諒怒囚之嵐州刺史喬鍾葵將赴諒其司馬陶模拒之曰漢王所圖不軌公荷國厚恩當竭誠效命豈

得身為厲階乎鍾葵臨之以兵辭氣不撓義而釋之於是
從諒反者凡十九州王頍說諒曰王將吏家屬盡在關西
若用此等則宜長驅深入直據京都所謂疾雷不及掩耳
若但欲割據舊齊之地宜任東人諒不能決乃兼用二策
倡言楊素反將誅之兵曹裴文安說諒曰分遣羸兵屯守
要害仍令隨方略地帥其精銳直入蒲津頓於霸上則京
師震擾兵不暇集旬日之閒事可定矣諒大悅於是遣諸
將分道四出署文安為柱國與紇單貴王聃等直指京師
諒簡精銳數百騎戴羃䍦詐稱宮人還長安徑入蒲州城
中豪傑亦有應之者文安等未至蒲津百餘里諒忽改圖

令紇單貴斷河橋守蒲州而召文安還代州總管李景發兵拒諒遣喬鍾葵帥兵三萬攻之景戰士不過數千加以城池不固攻輒崩毀景且戰且築士皆死鬬鍾葵屢敗景司馬馮孝慈司法呂玉並驍勇善戰儀同三司侯莫陳文多謀畫善拒守景推誠任之己無所預唯在閤持重時出撫循而已楊素將輕騎五千襲蒲城夜至河際收商賈船數百艘置草其中踐之無聲遂銜枚而濟遲明擊之單貴敗走聃以城降詔以素爲并州道行軍總管帥衆數萬以討諒諒將綦良攻磁相不克遂攻黎州塞白馬津余公理自太行下河內帝以史祥爲行軍總管軍河陰祥曰公

理輕而無謀恃眾而驕不足破乃於下流潛濟公理聞之引兵逆戰未及成列祥擊敗之遂趨黎陽綦良軍潰帝將發幽州兵疑總管竇抗有二心以李子雄爲上大將軍又以長孫晟爲相州刺史發山東兵與子雄共經略之晟辭以男在諒所帝曰公體國之深終不以兒害義子雄馳至幽州止傳舍召募得千餘人抗來謁子雄伏甲擒之遂發其兵步騎三萬自井陘西擊諒李景被圍月餘詔朔州刺史楊義臣救之義臣帥馬步二萬出西陘鍾葵悉眾拒之義臣自以兵少悉取軍中牛驢得數千頭領兵數百人人持以鼓潛驅之匿於澗谷間晡後復戰兵合命驅牛驢

者鳴鼓疾進塵埃漲天鍾葵軍潰縱擊破之諒遣其將趙子開擁衆十萬柵絕徑路屯據高壁布陣五十里素令諸將以兵臨之自引奇兵潛入霍山緣崖谷而進營於谷口使軍司簡留三百人守營軍士憚北軍之强多願守營素聞之卽召所留三百人悉斬之更令簡留無願留者素乃引軍出北軍之北直指其營鳴鼓縱火北軍不知所爲自相蹂踐殺傷數萬諒聞之大懼自將兵十萬拒素會大雨欲引還王頍諫曰楊素懸軍深入士馬疲弊王以銳卒自將擊之其勢必克今乃望敵而退是沮戰士之心而益西軍之氣也願王勿還諒不從頍謂其子曰氣候不佳兵必敗矣

楊素進擊諒大破之擒蕭摩訶諒退保晉陽素進兵圍之
諒窮蹙請降頻自殺
楊元感素之子也蒲山公李密弼之曾孫也元感與爲深
交帝方事征伐元感自言世荷國恩願爲將領帝喜寵遇
日隆頗預朝政至是命元感於黎陽督運乃選運夫少壯
者得五千餘人篙梢三千餘人刑三牲誓衆曰主上無道
不以百姓爲念天下騷擾死遼東者以萬計今與君等起
兵以救民水火何如衆皆踴躍稱萬歲乃勒兵部分主簿
唐禕逃歸河內先是元感陰遣召李密及弟元挺密至元
感大喜問計密曰天子出征遠在遼外去幽州猶隔千里

公擁兵出其不意長驅入薊扼其咽喉高麗聞之必躡其後不過旬日資糧皆盡其衆不降則潰可不戰而擒此上計也元感曰更言其次密曰關中四塞天府之國雖有衛文昇不足爲意今帥衆鼓行而西經城勿攻直取長安收其豪傑撫其士民據險而守之天子雖還失其根本可徐圖也元感曰更言其次密曰簡兵倍道襲取東都以號令四方但恐唐禕告之先已固守若引兵攻之百日不克天下之兵四面而至非僕所知也元感曰不然今百官家口並在東都若先取之足以動其心且經城不拔何以示威公之下策乃上計也遂引兵向洛陽遣元挺將千人爲

前鋒先取河內唐禕據城拒守又使人告東都越王侗等勒兵爲備元感渡河從者如市使弟積善將兵三千緣洛水西入元挺逾邙山南入元感將三千餘人隨其後其兵皆執單刀柳楯無弓矢甲冑東都遣河南人達奚善意將精兵五千人拒積善將作監裴宏策將八千人拒元挺善意兵潰鎧仗皆爲積善所取宏策戰敗走元挺不追宏策退收散兵復結陣以待之元挺徐至坐息良久忽起擊之宏策又敗如是五戰直抵太陽門宏策將十餘騎馳入宮城餘皆歸於元感元感每誓衆曰我身爲上柱國家累鉅萬金至於富貴無所求也今不顧滅族者但爲天下解倒懸

之急耳衆皆悅父老爭獻牛酒子弟詣軍門請自效者日以千數

李淵入臨汾汾陽薛大鼎說淵請勿攻河東自龍門直濟河據永豐倉傳檄遠近關中可坐取也淵將從之諸將請先攻河東河東縣戶曹任瓌說淵曰關中豪傑皆企踵以待義兵瓌在馮翊積年知其豪傑請往諭之必從風而靡義師自梁山濟河指韓城逼郃陽蕭造文吏必望塵請服孫華之徒皆當遠迎然後鼓行而進直據永豐雖未得長安關中固已定矣淵悅時關內羣盜孫華最强淵至汾陰以書招之華來見淵淵慰獎之以任瓌爲招慰大使瓌說

韓城下之淵謂王長諧等曰屈突通精兵不少相去五十餘里不敢來戰足明其衆不爲之用然通畏罪不敢不出若自濟河擊卿等則我進攻河東若全軍守城則卿等絕其河梁前扼其喉後拊其背彼不走必爲擒矣後果走而被擒

河南山東大水餓莩滿野詔開黎陽倉賑之吏不時給死者日數萬人徐世勣言於李密曰天下大亂本爲饑饉今更得黎陽倉大事濟矣密遣世勣帥麾下五千人濟河會元寶藏郝孝德共襲破黎陽倉據之開倉恣民就食浹旬間得勝兵二十餘萬竇建德朱粲之徒亦遣使附密太山

道士徐洪客獻書於密以為大衆久聚恐米盡人散師老厭戰難可成功勸密乘進取之機因士馬之銳沿流東指直向江都執取獨夫號令天下密壯其言以書招之洪客竟不出莫知所之

時河東未下三輔豪傑至者日以千數淵欲引兵西趨長安猶豫未決裴寂曰屈突通擁大衆憑堅城吾捨之而去若進攻長安不克退為河東所躡腹背受敵此危道也不若先克河東然後西上李世民曰不然兵貴神速吾席累勝之威撫歸附之衆鼓行而西長安之人望風震駭智不及謀勇不及斷取之若振槁葉耳若淹留自弊於堅城之下

彼得成謀修備以待我坐費日月衆心離沮則大事去矣
且關中蜂起之將未有所屬不可不早招懷也屈突通自
守虜耳不足爲慮淵兩從之留諸將圍河東自引軍而西

朝邑京兆諸縣多降

李淵以子元吉爲太原太守留守晉陽躬帥甲士三萬發
晉陽誓衆移檄諭以尊立代王之意突厥亦帥其衆以從
淵至賈胡堡去霍邑五十餘里代王侑遣郎將宋老生帥
精兵二萬屯霍邑大將軍屈突通將驍果數萬屯河東以
拒淵會積雨淵不能進遣沈叔安等至太原運一月糧以
書招李密密自恃兵強欲爲盟主淵覆書以驕之自是信使

往來不絕雨久不止淵軍中乏糧劉文靜請兵於始畢可汗未返或傳突厥與劉武周乘虛襲晉陽淵欲北還裴寂等亦以爲隋兵尚强未易猝下李密奸謀難測武周惟利是視不如還救根本更圖後舉李世民曰今禾菽被野何憂乏糧老生輕躁一戰可擒李密顧戀倉粟未遑遠略武周與突厥外雖相附內實相猜武周雖遠利太原豈可近忘馬邑本與大義奮不顧身以救蒼生當先入咸陽以號令天下今遇小敵遽已班師恐從義之徒一朝解體還守太原一城之地爲賊爾何以自全建成亦以爲然淵不聽促令引發世民將復入諫會淵已寢不得入號哭於外聲聞帳

中淵召問之世民曰今兵以義動進戰則克退還則散衆散於前敵乘於後死亡無日何得不悲淵乃悟曰軍已發奈何世民曰右軍嚴而未發左軍去亦未遠請自追之淵笑曰吾之成敗在爾惟爾所爲世民乃與建成分道夜進追左軍復還既而太原運糧亦至八月雨霽李淵趨霍邑恐老生不出建成世民曰老生勇而無謀以輕騎挑之無不出脫其固守則誣以貳於我彼恐爲左右所奏安得不出淵然之乃與數百騎先至霍邑東數里以待步兵使建成世民將數十騎至城下舉鞭指揮若將圍城之狀且詬之老生怒引兵三萬分道而出淵使殷開山召後軍至淵

欲使軍士先食而戰世民曰時不可失淵乃與建成陣於城東世民陣於城南淵建成戰少卻世民與軍頭段志元自南原引兵馳下衝老生陣出其背世民手殺數十人淵兵復振因傳呼曰已獲老生矣老生兵大敗投塹劉宏基就斬之僵尸數里日已暮淵卽命登城時無攻具將士肉薄而登遂克之及行賞軍吏疑奴應募不得與良人同淵曰矢石之間不辨貴賤論勳之際何有等差宜並從本勳授引見霍邑吏民勞賞如西河選其丁壯使從軍關中軍士欲歸者並授五品散官遣歸或諫以官太濫淵曰隋氏吝惜勳賞此所以失人心也奈何效之且收衆以官不勝

於用兵乎　秦校原本無此條

李敬業起兵，魏思溫說敬業曰：明公以匡復為辭，宜帥大眾鼓行而進，直指洛陽，則天下知公志在勤王，四面響應矣。薛仲璋曰：金陵有王氣，且大江天險，足以為固，不如先取常潤，為定霸之基，然後北向以圖中原，進無不利，退有所歸，此良策也。思溫曰：山東豪傑以武氏專制，憤惋不平，聞公舉事，皆蒸麥為糧，伸鋤為兵，以俟南軍之至，不乘此勢以立大功，乃更蓄縮，欲自謀巢穴，遠近聞之，其誰不解體。敬業不從，將兵攻潤州。思溫謂杜求仁曰：兵勢合則強，分則弱，敬業不并力渡淮，收山東之眾以取洛陽，敗在眼前矣敬業遂行取潤州聞李孝逸將至回軍拒之屯下阿溪使敬猷逼淮陰韋超屯都梁山孝逸軍至臨淮戰不利監軍御史魏元忠曰天下安危在此一舉今大軍久留不進萬一朝廷更命他將以代將軍將軍何辭以逃逗撓之罪乎孝逸乃引軍而前元忠請先擊敬猷諸將曰不如先攻敬業敬業敗則敬猷不戰自擒矣若擊敬猷敬業救之是腹背受敵也元忠曰不然賊兵盡在下阿烏合而來利在一決敬猷不習軍事其衆單弱大軍臨之駐馬可克我克敬猷乘勝而進雖有韓白不能當其鋒矣孝逸從之引兵擊敬猷敬猷走敬業勒兵阻溪拒守元忠言於孝逸曰

風順菼乾此火攻之利敬業置陣既久士卒多疲倦陣不能整孝逸進擊之因風縱火敬業大敗輕騎走將入海孝逸乃追斬之

祿山之至藁城也常山太守顏杲卿力不能拒與長史袁履謙往迎之祿山輒賜杲卿金紫質其子弟使仍守常山又使其將李欽湊將數千人守井陘口以備西軍杲卿歸途中指其衣謂履謙曰何爲著此履謙悟其意乃陰與杲卿謀起兵討祿山時祿山遣高邈詣幽州徵兵未還杲卿以祿山命召李欽湊使帥眾受犒醉而斬之悉散井陘之眾賊將高邈何千年適至皆擒之千年謂杲卿曰此軍應

募烏合難以臨敵宜深溝高壁勿與爭鋒俟朔方軍至併力齊進傳檄趙魏斷燕薊腰膂彼則成擒矣今且宜聲云李光弼兵出井陘因使人說張獻誠云足下所將多團練之兵難以當山西勁兵獻誠必解圍遁去此亦一奇也杲卿悅用其策獻誠果遁兵皆潰杲卿乃使人入饒陽城慰勞將士於是河北諸郡響應凡十七郡皆歸朝廷兵合二十餘萬秦校原本無此條

鄭祗德求救於鄰道浙西宜歙遣兵赴之祗德饋之比度支多十三倍而將猶以為不足宣潤將士請土軍為導諸將或稱病不行或先求職級竟不果遣城中各謀逃潰朝

廷議選將代之夏侯孜曰浙東山海幽阻可以計取難以力攻西班中無可語者王式雖儒家子前在安南有功可任也乃以爲浙東觀察使召入問以方略對曰但得兵賊必可破有宦官侍側曰發兵所費甚大式曰兵多賊速破其費省矣若兵少延引歲月賊勢益張江淮不通則上自九廟下及十軍皆無以供給其費豈可勝計哉上顧宦官曰當與之兵乃詔發諸道兵授之裘甫分兵掠衢婺明台所過俘其少壯及王式除書下浙東人心稍安甫方與其徒飲酒聞之不樂劉暀曰宜急引兵趨越州憑城郭據府庫遣兵過大江掠揚州還修石頭城而守之宣歙江西必

有響應者遣劉從簡以萬人循海而南襲取福建如此國家貢賦之地盡入於我矣進士王輅曰劉副使謀乃孫權所爲未易成也不如擁衆據險自守陸耕海漁急則逃入海島此萬全策也甫猶豫未決式軍所過若無人至西陵甫遣使請降式曰是必欲窺吾所爲且欲使吾驕怠耳乃謂使者曰甫面縛而來當免其死式入越州送鄭祗德樂飮而歸始修軍令於是告饋餉不足者息矣稱病臥家者起矣先求還職者無言矣賊別帥洪師簡許會能帥所部降式曰汝降是也當立效以自異使帥其徒爲前鋒與賊戰有功乃奏以官先是賊諜入越州軍吏匿而飲食之及

是或詐引賊將來降實窺虛實悉捕索斬之嚴門禁警夜
周密賊不知我所爲式命諸縣開倉廩賑貧乏或曰軍食
方急不可散也式曰非汝所知也官軍少騎卒式曰吐蕃
同鶻比配江淮者其人習險阻便鞍馬舉籍管內得數百
人虜久羈旅困餒甚式既犒飲又賙其家皆泣拜讙呼願
效死悉以爲騎卒使騎將石宗本將之又奏得龍陂監馬
二百匹騎兵大足或請爲烽燧詗賊式笑而不應選懦卒
使乘健馬少給之兵以爲候騎眾怪之不敢問於是閱諸
營見卒及土團子弟得四千人使導諸軍分路討賊令之
曰毋爭險易毋焚廬舍毋殺平民以增首級脅從者募降

之得賊金帛官無所問自是諸軍與賊十九戰賊連敗劉
暀謂裘甫曰向日從吾謀甯有此困耶收王輅等斬之式
曰賊窘且饑必逃入海命羅錡軍海口以拒之賊皆棄船
走山谷帥其徒屯南陳館下眾尚萬餘人浙東兵大破裘
甫於南陳館斬首數千級賊委棄繒帛盈路昭義將跌跌
殘令士卒敢顧者斬賊復入剡式曰賊來就擒耳命趣諸
軍圍之賊城守甚堅三日凡八十三戰賊請降式曰賊欲
少休耳益謹備之賊果復出又三戰甫等從百餘人出降
離城數十步官軍疾趨斷其後遂擒之式斬暀等械甫送
京師斬之諸將還越式大置酒諸將請曰某等生長軍中

久更行陣今幸得從公破賊然有所不諭者敢問公之始至軍食方急而更散之何也式曰此易知耳賊聚穀以誘饑人吾給之食則彼不爲盜矣且諸縣無守兵賊至則倉穀適足資之耳不置烽燧何也式曰烽燧所以趣救兵也今兵盡行無以繼之徒驚士民使自潰亂耳使儒卒爲候騎而少給兵何也式曰彼勇卒操利兵遇敵且不量力而鬭鬭死則賊至不知矣皆拜曰非所及也先是上每以越盜爲憂夏侯孜曰王式才有餘不日告捷矣與式書曰公專以執裘甫爲事軍需細大此期悉力故式所奏無不從由是能成其功

周故臣李筠起兵令幕府爲檄數帝罪執監軍周光遜等送於北漢以求濟師又遣人殺澤州刺史張福據其城從事閭邱仲卿說筠曰公孤軍舉事其勢甚危雖倚河東之援恐亦不得其力大梁甲兵精銳難與爭鋒不如西下太行直抵懷孟塞虎牢據洛邑東向而爭天下計之上也筠不能用帝遣石守信等分道擊之乃勑守信等曰勿縱筠下太行急引兵扼其隘破之必矣守信等敗筠兵於長平秦校原本無此條

江南江都留守林仁肇密陳淮安戍兵少宋前滅蜀今又取嶺南道遠師疲願假臣兵數萬自壽春徑渡復江北舊境彼縱來援臣據淮禦之勢不能敵兵起日請以臣叛聞

於北朝事成國饗其利敗則族臣家明陛下無二心江南主不聽又沿江巡檢盧絳募亡命習水戰屢破吳越兵於海門亦嘗說江南主曰吳越仇讐也他日必為北朝掎角臣請詐以宣歙叛陛下聲言討臣且乞兵吳越至則躡而攻之其國可取江南主亦不用

張浚謂中興當自關陝始慮金人或先入陝蜀則東南不可保因慷慨請行詔以浚為宣撫處置使聽便宜黜陟與沿江襄漢守臣議儲蓄以待臨幸帝問浚大計浚請身任陝蜀之事置幕府於秦州別遣大臣與韓世忠鎮淮東呂頤浩扈蹕來武昌為趨陝之計復以張俊劉光世與秦州相首

尾帝然之初浚宣撫川陜之議未決監登聞檢院汪若海

曰天下者常山蛇勢也秦蜀爲首東南爲尾中原爲脊今

以東南爲首安能起天下之脊哉將圖恢復必在川陜浚

大悅秦校原本無此條

蒙古主鐵木眞殂於六盤山臨卒謂左右曰金精兵在潼

關南據連山北限大河難以遽破若假道於宋宋金世仇

必能許我則下兵唐鄧直擣大梁金急必徵兵潼關然以

數萬之眾千里赴援人馬疲弊雖至弗能戰破之必矣言

訖而卒

金降人李昌國言於蒙古拖雷曰金遷汴將二十年其所

恃以安者潼關黃河耳若出寶雞以侵漢中不一月可達唐鄧大事集矣拖雷然之白於蒙古主蒙古主乃會諸將期於明年正月合南北軍攻汴遣拖雷先趨寶雞速不罕來假道淮東以趨河南且請以兵會之

蒙古兵次嵩汝間金御史臺言敵兵踰潼關殽澠深入重地近抵西郊彼知京師屯宿重兵不復叩城索戰但以游騎遮絕糧道而別兵攻擊州縣是亦困京師之漸也若專以城守爲事中都之危又將見於今日況公私蓄積視中都百不及一此臣等所以寒心也願陛下命陝西兵扼距潼關與阿里不孫爲掎角之勢選在京勇敢之將十數各

付精兵隨宜伺察且戰且守復諭河北亦以此待之金主以奏付尚書省平章朮虎高琪曰臺官素不習兵備禦方略非所知也遂止高琪以蒙古兵日逼欲以重兵屯駐汴京以自固州郡殘破不復恤金主惑之國勢益衰（秦校原本無此條）

徐壽輝遣項普略引兵掠徽饒諸州遂犯昱嶺關攻杭州城中猝無備參政樊執敬遽上馬率眾出中途與賊遇乃奮力斫賊中槍而死時董摶霄從江浙平章教化征安豐乘勝攻濠州會朝廷命移軍援江南遂渡江至德清而杭州已陷教化問計摶霄曰賊見杭城子女玉帛必縱欲不暇爲備宜急攻之若退保湖州使賊乘勝出京口則江南

不可為矣教化猶豫未決諸將亦難其行摶霄曰公浙江相君方面既陷而及今不取誰任其咎復拔劍顧諸將曰相君在此敢有慢令者斬遂進兵薄杭州賊迎敵麾壯士突前諸將相繼夾擊凡七戰追殺至清河坊賊奔接待寺塞其門而焚之賊皆死遂復杭州已而餘杭武康德清亦次第平摶霄亦受代去（秦校原本無此條）

伯顏破二郢至蔡店大會諸將刻期渡江遣人覘漢口形勢時夏貴以漢鄂舟師分據要害彌亙三十餘里王達守陽邏堡朱禩孫以遊擊軍扼中流兵不得進軍將馬福言淪河口穿湖中可從陽邏堡西沙蕪口入江伯顏使覘沙

蕪口夏貴以精兵守之伯顏乃進圍漢陽聲言取漢口渡江貴果移兵援漢陽伯顏乘間遣阿剌罕將奇兵倍道襲沙蕪口奪之因自漢口開壩引船入淪河轉沙蕪口以達江戰船萬計相踵而至以數千艘泊淪河灣口屯布蒙古漢軍數十萬騎於江北遣人招諭陽邏堡不應因以白鷂子千艘攻之三日不克伯顏因密謀於阿朮曰彼謂我必拔此堡方能渡江此堡甚堅攻之徒勞汝今夜以鐵騎三千隨舟直趨上流爲擣虛之計詰旦渡江襲南岸已過則急遣人報我阿朮亦曰攻城下策也若分軍船之半循岸西上泊青山磯下伺隙而動可以如志伯顏遂遣阿里海

涯進薄陽邏堡貴率衆來援阿朮即以昏時率四翼軍遡流二十里至青山磯是夜雪大作黎明阿朮遙見南岸多露沙洲即登舟指示諸將令徑渡載馬隨後萬戶史格一軍先渡為荆鄂都統程鵬飛所敗阿朮引兵繼之大戰中流鵬飛軍卻阿朮遂登沙洲攀岸步鬬散而復合數四出馬急擊追至鄂東門鵬飛被重創走阿朮獲其船千餘艘遣人還報伯顏大喜揮諸將急攻陽邏堡夏貴聞阿朮飛渡大驚引麾下三百艘先遁沿流東下縱火焚西南岸大掠還廬州都統制王達領所部八千人及定海統制劉成俱戰死元諸將請追貴伯顏曰陽邏之捷吾將遣使前告宋

人今貴走是代吾使也遂渡江與阿朮會議師所向或欲先取蘄黃阿朮曰若赴下流退無所據上取鄂漢雖遲旬日可以萬全伯顏乃趨鄂州知漢陽軍王儀以城降賈似道以精銳七萬餘人盡屬孫虎臣軍於池州下流之丁家洲夏貴以戰船二千五百艘橫亙江中似道自將後軍軍魯港貴嘗失利於鄂恐督府成功無所逃罪又恐虎臣新進出己上殊無鬬志會伯顏令軍中作大栰數十採薪芻置其上揚言欲焚舟諸軍但晝夜嚴備而戰心少懈伯顏分步騎夾岸而進麾戰艦合勢衝虎臣軍時阿朮與虎臣對陣伯顏命舉巨礮擊虎臣中堅虎臣軍動阿朮以划船

數千艘乘風直進呼聲動天地虎臣前鋒將姜才方接戰虎臣遽過其妾所乘舟衆見之喧曰步帥遁矣軍遂亂夏貴不戰而走

乾坤大略卷一終

乾坤大略卷二自序

兵只一道耶曰不然所向既明則正道在不必言矣然不得奇道以佐之則不能取勝項羽戰章邯於鉅鹿而後高祖得以乘虛入關鍾會持姜維於劍閣而後鄧艾得以踰險入蜀故一陣有一陣之奇道一國有一國之奇道天下有天下之奇道即有時正可為奇奇亦可為正而決然斷之曰必有夫兵進而不識奇道者愚主也黯將也名之曰棄師不觀之蘇氏抉門旁戶踰垣之喻乎其論甚精無以易也昔劉濞之攻大梁田祿伯請以五萬人別循江淮收淮南長沙以會武關岑彭攻公孫述自江州泝都江破侯

丹兵徑拔武陽遶出延岑軍後曹操拒袁紹於官渡移軍欲向延津而潛以輕兵襲白馬用此道也然則用兵者愼勿曰吾兵可以一路直至而無煩於旁趨曲徑爲也是以人國僥倖也戒之哉

兵進必有奇道

龐涓仕魏爲將軍伐趙齊救趙孫子曰夫解雜亂紛糾者不控拳救鬬者不搏撠批亢擣虛形格勢禁則自爲解耳今梁之輕兵銳卒竭於外而老弱疲於內若引兵疾走其都彼必釋趙而自救是我一舉解趙之圍而收敝於魏也從之十月邯鄲降魏魏師還與齊戰於桂陵魏師大敗

魏使龐涓伐韓韓求救於齊齊威王召大臣而謀之成侯鄒忌曰不如勿救田忌曰不救則韓且折而入於魏矣不如早救之孫臏曰夫韓魏之兵未敝而救之是吾代韓受

魏之兵顧反聽命於韓也且魏有破國之志韓見亡必東面而愬於齊吾因深結韓之親而晚承魏之弊則可以受重利而得尊名也王曰善乃陰許韓使而遣之韓因恃齊五戰不勝而東委國於齊齊因起兵使田忌爲將孫子爲師以救韓直走魏都龐涓聞之去韓而歸

魏王豹初降漢復以親疾辭歸至國即絕其河關反與楚約和漢王遣酈生往說豹不聽漢命韓信擊之豹盛兵蒲坂塞臨晉信乃益爲疑兵陳船欲渡臨晉而引兵從夏陽以木罌渡軍襲安邑魏王豹驚帥兵迎戰信遂執豹定魏

韓信張耳擊趙趙聚兵井陘口號二十萬廣武君李左車

謂陳餘曰信耳乘勝遠鬭其鋒不可當今井陘之道車不得方軌騎不得成列其勢糧食必在其後願假臣奇兵三萬從間道絕其輜重足下深溝高壘勿與戰彼前不得鬬退不得還野無所掠不十日而兩將之頭可致麾下否必爲二子所擒矣餘嘗自稱義兵不用詐謀奇計不用左車策信間視知之大喜乃敢遂下未至井陘口止舍夜半傳發選輕騎二千人人持一赤幟從間道萆山而望趙軍戒曰俟趙空壁逐我卽疾入趙壁拔其幟而易之令裨將傳餐曰今日破趙會食乃使萬人先行出背水陣趙望見皆大笑平旦信建大將旗鼓鼓行出井陘口趙開壁擊之大

戰良久於是信佯棄旗鼓走水上軍趙果空壁逐之信所遣騎馳入趙壁拔趙幟立漢幟水上軍皆殊死戰趙軍已失信等欲歸壁見幟大驚遂亂遁走漢兵夾擊大破之

漢王走河北得韓信軍復大振引兵臨河南向欲復與楚戰鄭忠說止王乃使劉賈盧綰渡白馬津入楚地佐彭越燒楚積聚以破其業

公孫述使其將延岑悉兵拒廣漢及資中又遣將侯丹率二萬餘人拒黃石岑彭使臧宮將降卒五萬從涪水上平曲拒延岑自分兵浮江下還江州泝都江而上襲擊侯丹大破之因晨夜倍道兼行二千餘里徑拔武陽使精騎馳

擊廣都去成都數十里勢若風雨所至皆奔散初述聞漢兵在平曲故遣大兵逆之及彭至武陽繞出於延岑軍後蜀地震駭述大驚以杖擊地曰是何神耶卒破延岑

孫策引兵渡浙江會稽功曹虞翻說太守王朗曰策善用兵不如避之朗不從發兵拒策於固陵策數戰不克策叔父靜說策曰朗負阻城守難可猝拔查瀆南去此數十里宜從彼據其內所謂攻其不備出其不意者也策從之夜多燃火為疑兵分軍投查瀆道襲高遷屯朗大驚遣周昕逆戰策斬昕朗乃降策自領會稽太守復命翻為功曹待以交友之禮

曹操將擊烏桓行至易郭嘉曰兵貴神速今千里襲人輜重衆多難以趨利不如輕兵兼道以出掩其不意操遣使辟田疇卽至隨軍次無終時方夏水雨而濱海洿下濘滯不通敵亦遮守谿要軍不得進疇曰此道秋夏有水淺不通車馬深不載舟船爲難久矣舊北平郡治在平岡道出盧龍達於柳城自建武以來陷壞斷絕尚有微徑若回軍從盧龍口越白檀之險出空虛之地路近而便掩其不備蹋頓可擒也操令疇將其衆爲鄉導上徐無山塹山堙谷五百餘里經白檀歷平岡涉鮮卑庭東指柳城未至二百里敵乃知之尚熙與蹋頓將數萬騎逆軍八月操登白狼

山卒與敵遇縱兵擊之斬蹋頓降者二十餘萬
馬超韓遂眾十餘萬據潼關七月操自將擊之八月至潼
關恐不得渡召問徐晃晃曰公盛兵於此而賊不復別守
蒲坂知其無謀也今假臣精兵渡蒲坂津爲軍先置以截
其裏賊可擒也操曰善使晃以步騎四千人渡津作塹柵
未成賊梁興夜將步騎五千餘人攻晃晃擊走之閏八月
操北渡河遂自蒲坂渡西河循河爲甬道而南超等退拒
渭口操乃多設疑兵潛遣兵入渭作浮橋而夜分兵結營
於渭南超等夜攻營伏兵擊破之九月進軍悉渡超等數
挑戰不許固請割地送任子乃設計以離間超遂方與克

日會戰大破之遂超奔涼州操追至安定而還諸將問曰
初賊守潼關渭北道缺不從河東擊馮翊而反守潼關引
日而後北渡何也操曰若吾先入河東賊必引守諸津則
西河未可渡吾故盛兵向潼關使賊悉眾南守而西河之
備虛故二將得西河然後引軍北渡賊不能與吾爭連車樹
柵爲甬道而南既爲不可勝且以示弱渡渭爲堅壘敵至
不出所以驕之也故賊不爲營壘而求割地吾順言許之
使不爲備因畜士卒之力一旦擊之所謂疾雷不及掩耳
兵之變化固非一道也
鍾會伐蜀姜維列營守險會攻之不能克糧道險遠軍食

乏欲引還艾上言賊已摧折宜遂乘之若從陰平由斜徑
經漢德陽亭趨涪出劍閣西百里去成都三百里奇兵衝
其腹心劍閣之守必還赴涪則會方軌而進如不還則應
涪之兵寡矣遂自陰平行無人之地七百里鑿山通道造
作橋閣山高谷深又糧運將匱瀕於危殆艾以氈自裹推
轉而下將士皆攀木緣崖魚貫而進先登至江油守將馬
邈降諸葛瞻督諸軍拒艾至涪不進黃崇屢勸瞻速行據
險無令敵得入平地瞻不從艾遂長驅而進

慕容翰請於燕王皝伐高句麗高句麗有二道北道平闊
南道險狹眾欲從北道翰曰敵必重北而輕南王宜帥銳

兵從南道擊之出其不意丸都不足取也別遣偏師出北道縱有蹉跌其腹心已潰四支無能爲也皝從之自將勁兵四萬出南道以翰及慕容霸爲前鋒別遣長史王寓等將兵萬五千出北道以伐高句麗其王釗果遣弟武帥精兵拒北道自帥羸兵備南道翰等先至與釗合戰皝以大衆繼之高句麗大敗諸軍乘勝遂入九都王寓等戰於北道皆敗沒

桓溫將伐漢將佐皆以爲不可江夏相袁喬曰夫經略大事固非常情所及智者了於胸中不必待衆言皆合也今爲天下患者胡蜀二寇而已蜀雖險固比胡爲弱將欲除

之宜先其易者李勢無道臣民不附且恃其險遠不修戰備宜以精兵萬人輕齎疾趨比其覺之我已出其險要可一戰擒也蜀地富饒戶口繁庶諸葛武侯用之抗衡中夏若得而有之國家之大利也論者恐大軍既西胡必闚鬭此似是而非胡聞我萬里遠征以爲內有重備必不敢動縱有侵軼緣江諸軍足以拒守必無憂也温拜表即行秦校原本無此條

桓温步騎五萬發姑孰將自兗州伐燕郗超曰道遠河淺漕運難通温不從六月至金鄉天旱水絕使將軍毛虎生鑿鉅野三百里引汶會於清引舟自清入河舳艫數百里超曰清水入河難以通運若寇不戰運道必絕因敵爲資

復無所得此危道也不若舉衆趨鄴彼必望風逃潰北歸遼碣若能出戰則事可立決若恐勝負難必務欲持重則莫若頓兵河濟控引漕運俟貲儲充備來夏乃進捨此二策而連軍北上進不速決退必愆乏賊因此勢以日月相引漸及秋冬水更澀滯北土早寒三軍裘褐者少恐於時所憂非獨無食已也溫又不從遣攻胡陸拔之進至枋頭後卒爲慕容垂所破

燕王垂以二月部分諸將出壺關滏口沙庭以擊西燕標榜所趨軍各就頓西燕主永聞之分道據守聚糧臺壁遣兵戍之既而垂頓軍鄴西南月餘不進永疑垂欲詭道由

太行入乃悉斂諸軍杜太行口惟留臺壁一軍四月垂引大軍出滏口入天井關五月至臺壁破之永召太行軍還自將拒之垂陣於臺壁南遣千騎伏澗下及戰僞退永衆追之澗中伏發斷其後諸軍四面俱進大破之永走歸長子秦校原本無此條

夏主遣使求和於宋約合兵滅魏遙分河北自恆山以東屬宋以西屬夏魏主聞之治兵將伐夏羣臣咸曰劉義隆兵猶在河中捨之西行前寇未可必克而義隆乘虛濟河則失山東矣崔浩曰義隆與赫連定遙相招引以虛聲唱和莫敢先入譬如連雞不得俱飛無能爲害臣始謂義隆軍來當屯止河中兩道北上東道向冀西道衝鄴如此則

陛下當自討之不得徐行今則不然東西列兵徑二千里
一處不過數千形分勢弱此不過欲固河自守無北渡意
也赫連定殘根易摧擬之必仆克定之後東出潼關席卷
而前則威震南極江淮以北無立草矣魏主從之遂如統
萬謀襲平涼
齊陳顯達與魏元英戰屢破之魏主親禦之命廣陽王嘉
斷均口邀齊兵歸路齊兵大敗以烏布幔盛顯達數人擔
之間道南走魏收軍資億計班賜將士追奔至漢水而還
士卒死者三萬餘人顯達之北伐也軍入汋均口馮道根
曰汋均迅急易進難退魏若守隘則首尾俱急不如悉棄

船於鄭城陸道步進列營相次鼓行而前破之必矣不從道根以私屬從軍及顯達夜走道根每及險要輒停馬指示之衆賴以全

周主獨與齊王憲及內史王誼謀伐齊又遣納言盧韞乘驛三詣安州總管于翼問策他人莫知至是始下詔伐齊將出河陽內史上士宇文弢曰齊雖無道藩鎮有人今出師河陽精兵所聚恐難得志如出汾曲戍小山平則攻之易拔矣民部中大夫趙煚曰河南洛陽四面受敵縱得之不可守請從河北直指太原傾其巢穴可一舉而定遂伯下大夫鮑宏曰往日屢出洛陽彼既有備故每不捷如進

兵汾潞直掩晉陽出其不虞似爲上策周主皆不從帥眾六萬直指河陰八月入齊境禁伐樹踐稼犯者皆斬攻河陰大城拔之齊王憲進圍洛口拔二城焚浮橋齊都督傅伏自永橋夜入中潬城周人圍之不下洛州刺史獨孤永業守金墉周主攻之不克永業通夜辦馬槽二千周人聞之以爲大軍且至憚之九月周主有疾夜引兵還齊王憲等降拔三十餘城皆棄不守

越州高智慧蘇州沈元懀皆舉兵反自稱天子攻陷州縣陳之故境大抵皆反大者有眾數萬小者數千詔楊素討之智慧據浙江東岸爲營周亙百餘里船艦被江素擊之

總管來護兒曰吳人輕銳利在舟楫必死之賊難與爭鋒公宜嚴陣以待之勿與戰請假奇兵數千潛渡掩破其壁使退無所歸進不得戰此韓信破趙之策也素從之護兒以輕舸數百直登江岸襲破其營因縱火煙燄漲天素縱兵奮擊大破之智慧逃入海素遣總管史萬歲帥眾二千踰嶺越海攻破溪洞不可勝數前後七百餘戰轉鬭千餘里寂無聲問者十旬遠近皆謂已沒萬歲置書竹筒中浮之於水得者以告素上其事上嗟嘆厚賜其家斬智慧因泛海掩至泉州擒賊帥王國慶江南大定

李世勣伐高麗軍發柳城多張形勢若出懷遠鎮者而潛

師北趨甬道出高麗不意自通定濟遼水至元菟高麗大駭城邑皆閉車駕至安市城攻之高麗比部耨薩延壽惠眞帥兵十五萬救安市上曰今爲延壽策有三引兵直前連城爲壘據險食粟掠吾牛馬攻之不可猝下欲歸則泥潦爲阻坐困吾軍上策也拔城中之衆與之宵遁中策也不度智能來與吾戰下策也卿曹觀之彼必出下策成擒在吾目中矣高麗有對盧年老習事謂延壽曰秦王內芟羣雄外服戎狄獨立爲帝此命世之才今舉海內之衆而來不可敵也爲吾計者莫若頓兵不戰曠日持久分遣奇兵斷其運道糧食既盡求戰不得欲歸無路乃可勝也延壽

不從引軍直進上猶恐其不至命阿史那社爾將千騎以誘之兵始交而僞走高麗相謂曰易與耳競進乘之至安市城東南八里依山而陣長四十里上與無忌等從數百騎乘高觀望形勢江夏王道宗曰高麗傾國以拒王師平壤之守必虛願假臣精兵五千覆其根本則數十萬衆可不戰而降矣上不應命李世勣將步騎萬五千陳於西嶺長孫無忌將精兵萬一千自山北出狹谷以衝其後上自將步騎四千爲奇兵挾鼓角偃旗幟勅諸將聞鼓角齊出奮擊延壽等見世勣布陣勒兵欲戰上望見無忌軍塵起命作鼓角舉旗幟諸軍鼓譟並進延壽等大懼欲分兵禦

之而陣已亂薛仁貴大呼陷陣所向無敵大軍乘之高麗兵大潰

契丹圍幽州且二百日城中危困李嗣源等步騎七萬會於易州李存審曰彼衆我寡彼騎多我步多我不利於平原嗣源曰彼無輜重我行必載糧設平原而彼抄吾糧我先自潰也不若自山中潛趨幽州遇敵則據險拒之遂踰嶺而東嗣源與從珂將三千騎爲前鋒距幽州六十里遇契丹力戰得進至山口契丹以萬騎遮其前將士失色嗣源以百餘騎先進躍馬奮撾三入其陣斬酋長一人後軍齊進契丹兵始卻存審命步兵伐木爲鹿角人持一枝止則

成寨契丹騎過寨寨中發萬弩射之人馬死傷塞路將至幽州契丹列陣待之存審戒步兵陣於後勿動先命羸兵曳柴燃草以進鼓譟合戰趨後陣乘之斬契丹萬計幽州圍解

劉智遠集羣臣議進取諸將咸請出師井陘攻取鎮魏智遠欲自石會趨上黨郭威曰敵主雖死黨衆猶盛各據堅城我出河北兵少路迂傍無應援若羣盜合勢共擊我軍糧餉道絕此危道也上黨山路險澀粟少民殘無以供億亦不可由近者陝晉相繼款附引兵從之萬無一失不出兩旬洛汴定矣智遠曰卿言是也詔諭諸道以太原尹崇

爲北京留守

上久欲伐蜀而無辭會趙彥韜潛以蜀主與北漢主約同舉兵濟河蠟書獻之太祖喜曰吾用兵有名矣令彥韜指畫江山曲折之狀關砦戍守之處道里遠近俾畫工圖之遂命王全斌等伐之且謂曰凡克城寨止藉其器甲芻糧悉以財帛分給將士吾所欲得者土地耳全斌由鳳州劉光義等由歸州進十二月全斌入蜀興州屢敗蜀師擒招討使韓保正蜀眾大潰蜀帥王昭遠保劍門光義至蜀夔州夔州有鎖江爲浮橋上設敵柵三重沿江列礮具光義將行太祖示以地圖指鎖江曰我軍至此泝流而上愼勿

以舟師爭勝當先以步騎陸行出其不意擊之俟其勢卻即以戰櫂夾攻取之必矣及師至夔距鎖江三十里舍舟步進先奪浮梁復牽舟而上蜀守將高彥儔謂監軍武守謙曰北軍涉遠而來利在速戰不如堅壁以待之守謙不從領麾下與光義騎將張廷翰戰敗遂入甯江城彥儔自焚死乾德三年春正月全斌進次益光得降卒言益光江東越大山數重有狹徑名來蘇蜀人於江西置砦對岸可渡自此出劍門南二十里至青彊與官道合若行此路則劍門不足恃也乃分兵趨來蘇跨江爲浮梁以濟蜀人見之棄寨而遁遂次青彊王昭遠聞之留其偏將守劍門自

引眾屯漢源坂以待全斌未至漢源劍門已破昭遠股慄失次趙崇韜布陣出戰昭遠據胡牀不能起全斌進擊大破之蜀主皇駭問計於左右有老將石斌對曰宋師遠來勢不能久請聚兵固守以老之蜀主曰吾父子以豐衣美食養士四十年及遇敵不能爲我東向發一矢今若固壘何人爲我效命已而全斌進次魏城蜀主命李昊草降表遂入城自發汴州至此凡六十六日

初曹彬潘美諸將北伐陛辭帝謂曰潘美但先趨雲朔卿等以十萬眾聲言取幽州且持重緩行不得貪利敵聞大兵至必悉眾救范陽不暇援山後矣及曹彬等乘勝而前

所至克捷每捷奏聞帝訝其進軍之速彬既次涿契丹南京留守耶律休哥兵少不敢出戰夜則令輕騎掠其單弱以脇餘衆晝則以精銳張其勢又設伏林莽以絕糧道彬居涿旬日食盡退師雄州以援餽餉帝聞之曰豈有敵人在前反退軍以援芻糧失策之甚也亟遣使止彬勿前急引師從白溝河與米信軍接俟美盡略山後地會重進東下合勢以取幽州彬部下諸將聞美重進累捷恥握重兵不能有所攻取謀議蜂起彬不得已乃裹糧與米信復趨涿州休哥聞之以輕兵來薄伺蓐食則擊離伍單出者由是軍士自救不暇結方陣塹地兩邊而行時方炎暑軍渴乏井

漉淖而飲凡四日始得至涿士卒困乏糧又將盡會契丹主隆緒與其太后自駝羅口將大兵應援趨涿州彬信復引退休哥因出兵躡之戰於岐溝關彬信敗走無復行伍夜渡拒馬河休哥引精兵追及溺者不可勝計彬信南趨易州方瀕沙河而爨聞休哥復至驚潰死者過半沙河爲之不流帝聞之悔謂張齊賢等曰卿等睹朕自今復作如此事否

時得報敵分道渡河詔統制韓世忠與宗澤率所部迎敵澤聞王彥聚兵太行山欲大舉趨太原澤即以彥爲忠州防禦使制置河北軍事恐彥孤軍不可獨進召彥計事彥

悉召諸寨指授方略以俟會合乃以萬餘人先發金人以
重兵躡其後而不敢擊既至汴澤令宿兵近甸以衛根本
彥遂屯滑州之沙店澤上疏曰臣欲乘此暑月遣彥等自
滑州渡河取懷衛濬相等州王再興等自鄭州直護西京陵
寢馬擴等自大名取洺相真定楊進王善丁進等各以所領
兵分路並進既渡河則山寨忠義之民相應者不啻百萬
願陛下早還京師臣當躬冒矢石為諸將先中興之業必
可立致疏入黃潛善等忌澤成功從中阻之
韓世忠既平范汝為旋師永嘉若將休息者忽由處信徑
至豫章連營江濱數十里羣賊不虞其至大驚世忠因使

董收招曹成成方爲岳飛所追乃率眾降得戰士八萬遣詣
行在

乾坤大略卷二終

乾坤大略卷三自序

兵之進也固有所過城邑不及下者矣必以戰乎曰非我樂戰也不得已而與敵遇非戰無以卻之蓋兵既深入則敵必併力傾國以圖蹂躪我恐我聲勢之成此而不猛戰疾鬬一爲所乘魚散鳥驚無可救矣誠能出其不意一戰以挫其鋭則敵衆喪膽我軍氣倍志定威立而後可攻取以圖敵古所謂一戰而定天下其在斯乎漢光武之於昆陽唐太宗之於霍邑可以觀也昔沈田子以千餘人遇姚泓數萬之衆於青泥其言曰兵貴用奇不必在衆今衆寡不敵勢不兩立若彼圍既固則我無所逃不如擊之遂敗

泓兵此深合機要百慮不易之道也

乾坤大略卷三

初起之兵遇敵以決戰爲上

王莽遣其司徒王尋司空王邑發兵平定山東徵諸明兵法六十三家以備軍吏以長人巨毋霸爲壘尉又驅諸猛獸虎豹犀象之屬以助威武合兵得四十二萬人號百萬旌旗輜重千里不絶五月出潁川與尤茂合諸將見兵盛皆反走入昆陽惶怖欲散歸諸城劉秀曰今兵穀既少而外寇强大并力禦之功庶可立如欲分散勢無俱全昆陽即拔一日之間諸部亦滅矣今不同心膽共舉功名反欲守妻子財物耶諸將怒曰劉將軍何敢如是秀笑而起會

候騎還言大兵且至城北軍陳數百里不見其後諸將迫
急乃更請秀復爲圖畫成敗皆曰諾時城中惟八九千人
秀使王鳳王常守昆陽夜與李軼等十三騎出城南門於
外收兵時莽兵到城下者且十萬秀等幾不得出尋邑縱
兵圍昆陽尤說邑曰昆陽城小而固不如先擊宛宛敗昆
陽自服不聽遂圍之數十重列營百數鉦鼓之聲聞數十
里或爲地道衝輣撞城積弩亂發矢下如雨鳳等乞降不
許尋邑自以功在漏刻不以軍事爲憂尤曰兵法圍城爲
之闕宜使得逸出以怖宛下又不聽劉秀至郾定陵悉發
諸營兵諸將貪惜財物欲分兵守之秀曰今若破敵珍寶

萬倍大功可成如爲所敗首領無餘何財物之有乃悉發
之六月朔秀自將步騎千餘爲前鋒去大軍四五里而陣
尋邑亦遣兵數千合戰秀奔之斬首數十級諸將喜曰劉
將軍平生見小敵怯今見大敵勇甚可怪也且復居前請
助將軍秀復進尋邑兵卻諸部共乘之斬首數百千級連
勝遂前諸將膽氣益壯無不一當百秀乃與敢死者三千
人從城西水上衝其中堅尋邑易之自將萬餘人行陣敕
諸營皆按部勿得動獨迎與漢兵戰不利大軍不敢擅相
救尋邑陣亂漢兵乘銳崩之遂殺尋城中亦鼓譟出震呼
動天地莽兵大潰伏屍百餘里會大雷風屋瓦皆飛雨下

如注滍川盛溢虎豹皆股慄士卒溺死以萬數邑尤茂輕騎逃去盡獲其軍實輜重不可勝算

王郎兵起光武渡滹沱至下博城西惶惑不知所之有白衣老人指曰努力信都爲長安城守去此八十里秀卽馳赴之時郡國皆已降王郎獨信都太守任光和戎太守邳彤不肯光自恐不全聞秀至大喜彤亦來會議者多欲西還彤曰王郎假名烏合無有根本之固明公奮二郡之兵以討之何患不克今釋此而歸豈徒空失河北必更驚動三輔墮損威重非計之得者也若明公無復征伐之意則雖信都之兵猶難會也何者明公旣西則邯鄲勢成民不

肯捐父母背成主而千里送公其離散逃亡可必也秀乃止秀以二部兵弱欲入城頭子路力子都軍中任光以爲不可乃發傍縣得精兵四千人秀拜光彤大將軍將兵以從光多作檄文曰大司馬劉公將城頭子路力子都軍百萬衆從東方來擊諸反虜吏民得檄轉相告語劉植聚兵數千人據昌城耿純率宗族賓客二千餘人老病者載木自隨皆來迎秀秀皆以爲將軍衆稍合至萬人北擊中山進拔盧奴所過發奔命兵移檄邊郡共擊邯鄲郡縣還復響應

沈田子傳宏之入武關秦戍將皆委城走田子等進屯靑

泥八月太尉裕至閿鄉秦主泓欲自將禦裕恐田子等襲其後欲先擊滅田子等然後傾國東出乃率步騎數萬奄至青泥田子本爲疑兵所領裁千餘人聞泓至欲擊之宏之以眾寡不敵止之田子曰兵貴用奇不必在眾今眾寡相懸勢不兩立若彼圍既固則我無所逃矣不如乘其始至營陳未立而先薄之可以有功遂進兵秦兵合圍數重田子慰撫士卒曰諸軍遠來正求此戰死生一決封侯之業於此在矣士卒皆踴躍鼓譟執短兵奮擊秦兵大敗斬萬餘級泓奔還灞上

張巡至眞源哭於元元皇帝廟遂起兵西至雍邱與賈賁

合初雍邱令令狐潮以縣降賊引精兵攻雍邱賁出戰死
張巡兼領賁衆勦復與賊將李懷仙等四萬餘衆奄至城
下衆懼巡曰賊兵精銳有輕我心今出其不意擊之彼必
驚潰賊勢少折然後城可守也乃使千人乘城自帥千人
分數隊開門突出巡身先士卒直衝賊陣人馬辟易賊遂
退明日復進蟻附攻城巡束蒿灌脂焚而投之賊不得上
積六十餘日大小三百餘戰帶甲而食裹瘡復戰賊遂敗走
巡乘勝追之獲胡兵二千人而還軍聲大振
种師道帥師入援至洛聞斡離不已屯東城下或止師道
言賊勢方銳願少駐氾水以謀萬全師道曰吾兵少若遲

迴不進形見情露只取辱焉今鼓行而進彼安能測我虛實都人知吾來士氣自振何憂賊哉揭榜沿道言种少保領西兵百萬來遂抵京西趨汴南徑逼敵營金人懼徙砦稍北斂游騎增壘自衛

乾坤大略卷三終

乾坤大略卷四自序

戰固無疑矣然不得其道禍更深於無戰古有百戰之說以吾言之不啻百也將從何處說起耶曰吾言吾初起之戰焉耳以烏合之市人當追風之鐵騎列陣廣原堂堂正正而與之角不俟智者而知其無幸矣出奇設伏又何再計焉孫臏之破龐涓以怯卒韓信之破陳餘以市人李密之破張須陀以羣盜用寡以覆衆因弱而爲强善戰之術固不止此然當其事者斷斷乎於此二者求之則萬舉萬當不然者必敗

乾坤大略卷四

決戰之道在於出奇設伏

北戎侵鄭鄭伯禦之患戎師曰彼徒我車懼其侵軼我也公子突曰使勇而無剛者嘗寇而速去之君爲三覆以待之戎輕而不整貪而無親勝不相讓敗不相救先者見獲必務進進而遇覆必速奔後者不救則無繼矣乃可以逞從之戎人之前遇伏者奔祝聃逐之衷戎師前後擊之盡殪戎師大奔

楚子伐隨軍於漢淮之間季梁請下之弗許而後戰所以怒我而怠寇也少師謂隨侯曰必速戰不然將失楚師隨

侯禦之望楚師季梁曰楚人上左君必左無與王遇且攻其右右無良焉必敗偏敗眾乃攜矣少師曰不當王非敵也弗從戰於速杞隨師敗績

楚大饑戎伐其西南至於阜山師於大林又伐其東南至於陽丘以侵訾枝庸人帥羣蠻以叛楚麇人帥百濮聚於選將伐楚於是申息之北門不啟楚人謀徙於阪高蔿賈曰不可我能往寇亦能往不如伐庸夫麇與百濮謂我饑不能師故伐我若我出師必懼而歸百濮離居將各走其邑豈暇謀人乃出師旬有五日百濮乃罷自廬以往振廩同食次於句澨使廬戢黎侵庸及庸方城庸人逐之囚子

楊窻三宿而逸曰庸師衆羣蠻聚焉不如復大師且起王
卒合而後進師叔曰不可姑又與之遇以驕之彼驕我怒
而後可克先君蚡冒所以服陘隰也又與之遇七遇皆北
唯裨儵魚人實逐之庸人曰楚不足與戰矣遂不設備楚
子乘馹會師於臨品分爲二隊子越自石溪子貝自仞以
伐庸秦人巴人從楚師羣蠻從楚子盟滅庸
齊侯伐我北鄙中行獻子伐齊齊人多死范宣子告析文
子曰吾知子敢匿情乎魯人莒人皆請以車千乘自其鄉
入既許之矣若入君必失國子盍圖之子家以告公公恐
晏嬰聞之曰君固無勇而又聞是弗能久矣齊侯登巫山

以望晉師晉人使司馬斥山澤之險雖所不至必旆而疏陳之使乘車者左實右僞以旆先輿曳柴而從之齊侯見之畏其衆也乃脫歸丙寅晦齊師夜遁師曠告晉侯曰鳥烏之聲樂齊師其遁邢伯告中行伯曰有班馬之聲齊師其遁叔向告晉侯曰城上有烏齊師其遁十一月丁卯朔入平陰遂從齊師夙沙衛連大車以塞隧而殿殖綽郭最曰子殿國師齊之辱也子姑先乎乃代之衛殺馬於隘以塞道晉州綽及之射殖綽中肩兩矢夾脰遂入齊齊侯駕將走郵棠太子與郭榮扣馬曰師速而疾略也將退矣君何懼焉且社稷之主不可以輕輕則失衆君必待之將犯

之太子抽劍斷鞅乃止

子儀之亂析公奔晉晉人置諸戎車之殿以爲謀主繞角之役晉將遁矣析公曰楚師輕佻易震蕩也若多鼓鈞聲以夜軍之楚師必遁晉人從之楚師宵潰

吳伐州來楚薳越帥師及諸侯之師奔命救州來吳人禦諸鍾離子瑕卒楚師熸吳公子光曰諸侯從於楚者衆而皆小國也畏楚而不獲已是以來吾聞之曰作事威克其愛雖小必濟胡沈之君幼而狂陳大夫齧壯而頑頓與許蔡疾楚政楚令尹死其師熸帥賤多寵政令不一七國同役而不同心帥賤而不能整無大威命楚可敗也若分師

先以犯胡沈與陳必先奔三國敗諸侯之師乃搖心矣諸侯乖亂楚必大奔請先者去備薄威後者敦陳整旅吳子從之戊辰晦戰於雞父吳子以罪人三千先犯胡沈與陳三國爭之吳爲三軍以繫於後中軍從王光帥右掩餘帥左吳之罪人或奔或止三國亂吳師擊之三國敗獲胡沈之君及陳大夫舍胡沈之囚使奔許與蔡頓曰吾君死矣師譟而從之三國奔楚師大奔

吳子問於伍員曰伐楚何如對曰楚執政眾而乖莫適任患若爲三師以肄焉一師至彼必皆出彼出則歸彼歸則出楚必道敝亟肄以罷之多方以誤之既罷而後以三軍

繼之必大克之閼與從之楚於是乎始病
秦圍閼與趙王召羣臣問之廉頗樂乘皆言道遠險陿難
救趙奢曰道遠險陿如兩鼠鬭於穴中將勇者勝王乃令
奢將兵救之去邯鄲三十里而止令軍中曰有以軍事諫
者死秦師軍武安西鼓譟勒兵武安屋瓦盡震有言急救
武安者奢立斬之堅壁二十八日不行復益增壘秦間入
趙軍奢善食而遣之間還報秦帥大喜奢既遣間卷甲而
趨一日一夜距閼與五十里而軍軍壘成秦師聞之悉甲
而往趙軍士許歷請諫奢進之歷曰秦不意趙至此其來
氣盛將軍必厚集其陣以待之不然必敗奢曰請受教歷

請刑不許歷復請曰先據北山者勝奢卽發萬人趨之秦師後至爭山不得上奢縱兵擊之秦師大敗解閼與而還

馮異與赤眉約期會戰使壯士變服與赤眉同伏於道側旦日赤眉使萬人攻異前部異少出兵以救之賊見勢弱悉衆攻異異乃縱兵大戰日昃賊氣衰伏兵卒起衣服相亂赤眉不復識別衆遂驚潰追擊大破之於崤底

曹操與袁紹相拒於官渡欲與羣臣議還荀彧報曰紹悉衆聚官渡欲與公決勝敗公以至弱當至强若不能制必爲所乘是天下之大機也且紹布衣之雄耳能聚人而不能用以公之神武明哲而輔以大順何向而不濟今穀雖

少未若楚漢在滎陽成皋間也是時劉項莫肯先退者以爲先退則勢屈也公以十分居一之衆畫地而守之搤其喉而不得進已半年矣情見勢竭必將有變此用奇之時不可失也操乃堅壁持之紹運穀車數千乘至官渡操擊燒之十月紹復遣軍運穀使淳于瓊等將兵送之沮授說紹可別爲支軍於表以絕曹操之抄許攸曰曹操悉師拒我許下勢必空弱若分遣輕軍星行掩襲許可拔也許拔則奉迎天子以討操操成擒矣如其未潰可令首尾奔命破之必也紹皆不從會許攸犯法奔曹說曹曰袁氏輜重萬餘乘在故市烏巢屯軍無嚴備若以輕兵襲之燔其積

衆不過三日袁氏自敗也操大喜乃留曹洪守營自將五千步騎用袁軍旗幟銜枚縛馬口夜從閒道出人抱束薪至屯放火急擊之紹聞曹擊瓊謂其子譚曰就操破瓊吾拔其營彼固無所歸矣乃使其將高覽張郃等攻操營郃曰曹公精兵往必破瓊請先救之郭圖固請攻操營郃曰曹公營固攻必不拔若瓊等見獲吾屬盡爲虜矣紹但遣輕騎救瓊而以重兵攻營不能下騎至烏巢操大破之斬瓊等盡燒其糧穀張郃高覽降曹

曹仁以步騎數萬向濡須朱桓兵纔五千人諸將皆懼桓曰勝負在將不在衆寡兵法稱客倍而主人半者謂俱在

平原而士卒勇怯等耳今仁非智勇士卒甚怯千里步涉人馬罷困桓與諸君共據高城臨江背山以逸待勞以主待客此百戰百勝之勢雖曹丕自來尚不足憂況仁等耶乃偃旗息鼓示弱以誘之仁遣其子泰攻濡須城分遣常雕王雙襲中洲中洲者桓部曲妻子所在也桓遣別將擊雕等而身自拒泰泰燒營退桓遂斬雕虜雙

晉王浚遣都護王昌帥諸軍及段疾陸眷與弟匹磾文鴦從弟末柸攻石勒於襄國勒兵出戰皆大敗勒召將佐曰吾欲悉眾決勝何如諸將皆曰不如堅守俟其退而擊之張賓孔萇曰鮮卑段氏最爲勇悍而末柸尤甚其銳卒皆

屬焉今刻日來攻此城必謂我孤弱不敢出戰意必懈怠宜且勿出示之以怯鑿北城爲突門二十餘道俟其來守未定出其不意直衝末柸帳彼必震駭不暇爲計破之必矣末柸敗則其餘不攻而潰矣勒從之密爲突門既而疾陸眷攻北城勒登城望之見其將士或釋仗而寢乃命孔萇督銳卒從突門出擊之不克而退末柸逐之入其壘門爲勒衆所獲疾陸眷等軍皆退走萇乘勝追擊枕尸三十里

漢劉暢帥兵三萬攻滎陽太守李矩未及爲備乃遣使詐降暢不復設備矩欲夜襲之士卒皆疑懼乃遣其將郭誦

禱於子產祠使巫陽言曰子產有教當遣神兵相助衆皆踴躍爭進掩擊暢營暢僅以身免李矩守滎陽勒親率兵襲矩矩遣老弱俱入山令所在散牛馬因設伏以待之賊爭取馬牛伏發齊呼聲動山谷遂大破之斬獲甚衆勒乃還

周法尙初自陳來歸周陳將樊猛濟江討之尙遣部曲督韓朗詐爲背尙奔於陳僞告猛曰法尙部兵不願降北若得君討之必無鬬志自當於陣倒戈耳猛以爲然引兵急進法尙乃佯爲畏懼自保於江曲猛陣兵急進法尙先伏輕船於浦中又伏精鋭於古村之北自張旗幟逆流拒之

戰數合僞退登岸投古村猛捨舟逐之法尙又疾走行數里與村北軍合復前擊猛猛退走赴船而浦中伏發入猛船取陳旗幟建周旗幟於是猛大敗僅以身免

李密說翟讓攻下滎陽諸縣隋遣張須陀爲滎陽通守以討之讓向數爲須陀所敗聞其來大懼將避之密曰須陀勇而無謀兵又驟勝既驕且狠可一戰而擒也分兵千餘人伏林間須陀方陣而前讓與戰不利須陀乘之逐北十餘里密發伏掩之須陀兵敗密與讓及徐世勣王伯當合軍圍之須陀戰死部兵號泣數日不止河南郡縣爲之喪氣

李密取興洛倉時東都人皆以密爲饑賊盜米烏合易破爭來應募衣服鮮華旗鼓甚盛陳於石子河西密讓選驍雄分爲十隊令四隊伏嶺下以待仁基以六隊陣於石子河東長恭等見密兵少輕之讓先接戰不利密帥麾下橫衝之隋兵大敗

朝廷聞契丹復至遣李繼隆發眞定兵萬餘護送糧餽數千乘趨威虜休哥聞之帥精騎數萬邀諸途北面都巡檢使尹繼倫適領兵徼巡路遇之休哥不顧而南繼倫曰寇蔑視我耳彼捷還則乘勝而驅我北去不捷亦且洩怒於我將無遺類矣爲今之計當卷兵銜枚以躡之彼銳氣前

趨不虞我之至力戰而勝足以自樹縱死猶不失爲忠義豈可泯然爲胡地鬼乎衆皆憤激從命繼倫命秣馬俟夜人持短兵潛躡其後行數十里至徐河天未明休哥去大軍四五里會食訖將戰繼隆方陣於前以待繼倫從後急擊殺契丹一大將皆驚潰休哥創遁契丹不敢入寇每相戒曰當避黑面大王

張俊聞李成將馬進在筠州以豫章界江筠之間遂急趨之旣入城喜曰我已得洪破賊決矣及進犯洪州連營西山俊斂兵若無人者居月餘進以大書牒索戰俊以細書狀報之進以俊爲怯俊諜知賊怠乃議戰岳飛曰賊貪而不

慮後若以騎兵自上流絕生米渡出其不意破之必矣因請自爲先鋒俊大喜令楊沂中絕生米渡飛重鎧躍馬潛出賊右突其陣所部從之進大敗走筠州飛抵東城進出城布陣飛設伏以紅羅爲幟上刺岳字選騎二百隨幟而前賊易其少薄之伏發進大敗走飛使人呼曰不從賊者坐吾不汝殺坐而降者八萬人俊與沂中復前後夾擊大敗之因呼俊爲鐵山

韓世忠受命自豫章移師長沙劉忠有衆數萬據白面山營栅相望世忠至與賊對壘奕碁張飲堅壁不動衆莫能測一夕與蘇格聯騎穿賊營候者呵問世忠先得賊軍號

隨聲應之周覽以出喜曰此天賜也夜伏精兵二千於山下與諸將拔營而進賊方迎戰伏兵已馳入中軍奪望樓植旗蓋傳呼如雷賊回顧驚潰世忠麾將士夾擊大破之

韓世忠至揚州遣統制解元守承州候金步卒親提騎兵駐大儀以當敵騎伐木爲柵自斷歸路會魏良臣使金過之世忠撤炊爨紿良臣有詔移屯守江良臣疾馳去世忠度良臣已出境即上馬令軍中曰眂吾鞭所向於是移軍向大儀勒五陣設伏二十餘所約聞鼓即起擊良臣至金軍金將聶兒孛堇問官軍動息具以所見對孛堇喜即引兵至江口距大儀五里別將撻不野擁鐵騎過五陣東

世忠傳小麾鳴鼓伏兵四起旗色與金人雜出金軍亂官軍迭進世忠令背嵬軍各持長斧上揕人胸下揕馬足敵被甲陷泥淖世忠麾勁騎四面蹂躪人馬俱斃遂擒撻不野二百餘人追至淮殺溺無算論者以為中興武功第一

金主亮築臺江上自被金甲登臺殺黑馬以祭天一羊一豕投於江中召奔睹等謂之曰舟楫已具可以濟江矣時葉義問命虞允文往蕪湖迎李顯忠交王權軍且犒師允文至采石權已去顯忠未來敵騎充斥官軍三五星散解鞍束甲坐道旁皆權敗兵也允文謂坐待顯忠則誤國事遂立召諸將勉以忠義曰金帛誥命皆在此以待有功眾

曰今既有主請死戰或謂允文曰公受命犒師不受命督戰他人壞之公受其咎耶允文叱之曰危及社稷吾將安避丙子乃命諸將列大陣不動分戈船爲五其二並東西岸其一駐中流藏精兵待戰其二藏小港備不測部分甫畢敵已大呼亮操紅旗麾數百艘絕江而來瞬息之間抵南岸者七十艘直薄官軍軍少卻允文入陣中撫統制時俊之背曰汝膽略聞四方立陣後則兒女子耳俊即揮雙刀出士殊死戰中流官軍以海鰌船衝敵舟皆平沈敵半死半戰日暮未退會有潰卒自光州至允文授以旗鼓從山後轉出敵疑援兵至始遁允文又命勁弩尾擊追射大敗

之金兵還和州允文知亮厥明復來夜半部分諸將出海州駐上流別遣盛新以舟師截金人於楊林河口明旦敵果至因夾攻之復大敗焚其舟三百敵遣僞詔來諭王權若有宿約者允文曰此反間也乃復書言權因退師已置憲典新將李顯忠也願快戰以決雌雄亮得書大怒遂率其軍趨揚州

乾坤大略卷四終

乾坤大略卷五自序

戰失其道未有不敗者得其道未有不勝者勝則破竹之勢成迎刃之機順矣自此招攬豪傑部署長吏撫輯人民收按圖籍頒布教章所謂略地也顧其策何先曰是有機焉蹈之而動耳不煩兵也昔武信君下趙十餘城餘皆城守乃引兵擊范陽不能下使非納蒯徹之說以侯印授范陽令而使之朱輪華轂以驅馳燕趙郊則三十餘城烏能不戰而服乎善乎李左車之對淮陰也曰將軍虜魏王禽夏說不終朝而破趙二十餘萬衆威震天下此將軍之所長也然衆勞卒疲其實難用今以罷弊之卒屯之燕堅城

之下燕若不服齊必拒境以自強此將軍之所短也爲將軍計莫若按甲休兵北首燕路而遣辨士奉咫尺之書於燕暴其所長燕必不敢不聽從燕已從而東臨齊雖有智者不知爲齊計矣兵固有先聲而後實者此之謂也至今思之雖孫吳復生何以易焉而要非戰勝之後則斷不及此何也勝則人懾吾威而庇吾勢利害迫於前而禍福怵其心故說易行而從者順若在我無可恃之形而徒以虛言嚇衆是猶夢者之墮井無怪乎疾呼而人不聞也此又不可不留意也

乾坤大略卷五

乘勝略地莫過於招降

武信君下趙十餘城餘皆城守乃引兵擊范陽范陽蒯徹說曰足下必攻得然後下城戰勝然後得地而今有策可不動而下數十城可乎武信君曰何謂也曰范陽令徐公畏死欲降畏君以爲秦所置吏誅殺如前十城也若不殺而以侯印授之使之朱輪華轂馳驅燕趙郊燕趙人見之曰此范陽令先下者也則燕趙諸城可勿戰而降矣從之不戰而下者三十餘城

秦遣兵拒嶢關沛公欲擊之張良曰未可願益張旗幟爲

疑兵而使酈生陸賈往說秦將啗以利秦將果欲連和沛公欲許之良又曰不如因其怠而擊之沛公遂引兵擊秦軍大破之

韓信破趙獲李左車問計對曰將軍虜魏王禽夏說不終朝而破趙二十萬眾威震天下此將軍之所長也然眾勞卒疲其實難用燕若不服齊必拒境以自強此將軍之所短也善用兵者不以短擊長而以長擊短為將軍計莫若按甲休兵北首燕路而遣辨士奉書於燕暴其所長燕必不敢不聽從燕已從而東臨齊雖有智者不知為齊計矣兵固有先聲而後實者此之謂也信從其策燕從風而服

吳漢亡命至漁陽聞光武長者獨欲歸之乃說太守彭寵曰漁陽上谷突騎天下所聞也君何不合二郡精銳附劉公擊邯鄲此一時之功也寵以爲然官屬皆欲附王郎寵不能奪漢乃辭出止外亭念所以詭衆未知所出望見道中有一人似儒生者漢使人召之爲具食問以所聞生因言劉公所過爲郡縣所歸邯鄲舉尊號者實非劉氏漢大喜卽詐爲光武書移檄漁陽使生齎以詣寵令具以所聞說之漢隨後入寵甚然之於是遣漢將兵與上谷諸將并軍而南所至擊斬王郎將帥及光武於廣阿拜漢爲偏將軍

時更始遣舞陰王李軼大司馬朱鮪將兵號三十萬與河南太守武勃共守洛陽光武將北徇燕趙以魏郡河內獨不逢兵而城邑完倉廩實乃拜寇恂為河內太守異為孟津將軍統二郡軍河上與恂合勢以拒朱鮪等異乃遺李軼書曰愚聞明鏡所以照形往事所以知今昔微子去商而入周項伯叛楚而歸漢周勃迎代王而黜少帝霍光尊孝宣而廢昌邑彼皆畏天知命覩存亡之符見廢興之事故能成功於一時垂業於萬世也苟令長安尚可扶助延期歲月疏不間親遠不間近季文豈能居一隅哉今長安壞亂赤眉臨郊大臣乖離紀綱已絕蕭王經營河北英俊

雲集百姓風靡雖邠岐慕周不足以喻季文誠能覺悟成敗亟定大計轉禍為福在此時矣如猛將長驅嚴兵圍城雖有悔恨亦無及矣軼乃報異書曰軼本與蕭王首謀造漢唯深達蕭王願進愚策以佐國安人軼自通書之後不復與異爭鋒故異因此得北攻天井關拔上黨兩城又南下河南成皋以東十三縣武勃將萬餘人與異戰於士鄉下異斬勃獲首五千餘級軼又閉門不救異見其信效具以奏聞光武故宣露軼書令朱鮪知之鮪怒使人刺殺軼由是城中乖離多有降者

張遼與夏侯淵圍昌豨於東海數月糧盡議引軍還遼謂

淵曰數日以來每行諸圍豨輒屬目視遼又其射矢更稀此必豨計猶豫故不力戰遼欲挑與語儻可誘也乃使謂豨曰公有命使遼傳之豨果下與遼語遼爲說曹公神武方以德懷遠方先附者受上賞豨乃許降遼遂單身上三公山入豨家拜妻子豨歡喜隨詣曹曹遣豨還責遼曰此非大將法也遼謝曰以明公威信著於四海遼奉聖旨豨必不敢害故也

諸葛亮討南夷所在戰捷由越巂入斬雍闓等孟獲素爲夷漢所服收餘眾拒亮亮生致之既得使觀於營陣獲曰向不知虛實故敗今祇如此即易勝耳乃縱使更戰七縱

七擒而亮猶遣獲獲止不去曰公天威也南人不復反矣遂入滇池益州永昌牂牁越嶲四郡皆平亮卽其渠率而用之或以諫亮亮曰留外人則當留兵兵留則無食一不易也夷新傷破父兄死喪留外人而無兵必成禍患二不易也夷人累有廢殺之罪自嫌釁重留外人終不相信三不易也今吾欲使不留兵不運糧而綱紀粗定夷漢粗安故耳於是悉收其俊傑孟獲等以爲官屬出其金銀丹漆耕牛戰馬以給軍國之用終亮之世獲不復反

宋沈攸之自彭城還也留申纂守無鹽張讜守團城與肥城糜溝垣苗皆不肯附魏魏遣將軍慕容白曜將兵赴靑

州白曜至無鹽欲攻之將佐皆以爲攻具未備不宜遽進司馬酈範曰輕軍深入豈宜淹緩且申纂必謂我軍來速不暇攻圍將不爲備今出其不意可一鼓而克白曜從之引兵僞退夜進攻之拔無鹽殺申纂欲盡以其人爲軍賞範曰齊形勝之地宜遠爲經略今人心未洽連城相望皆有拒守之志非以德信懷之未易平也白曜曰善皆免之將攻肥城範曰肥城雖小攻之引日勝之不益軍勢不勝足挫軍威彼見無鹽之破不敢不懼若飛書諭之不降則散矣白曜從之肥城果潰得粟三十萬斛白曜謂範曰此行得卿三齊不足定也

周葦孝寬至永橋城諸將請先攻之孝寬曰城小而固若攻而不拔損我兵威今破其大軍此何能爲於是引軍壁於武陟與尉遲迥隔沁水相持不進孝寬長史李詢密啟丞相堅云總管梁士彥宇文忻崔宏度並受迥餽金堅以爲憂與鄭譯謀代之李德林曰公與諸將皆國家貴臣未相服從今正以挾令之威控御之耳前所遣者疑其乖異後所遣者安知其能盡腹心耶又取金之事虛實難明今一旦代之或懼罪逃逸若加縻縶則自鄖公以下莫不驚疑且臨敵易將此燕趙之所以敗也如愚所見但遣公一腹心明於智略素爲諸將所信服者速至軍所觀其情僞

縱有異意必不敢動動亦能制之矣堅大悟府司錄高頻請行堅喜遣之

裴度之在淮西也布衣柏耆以策干韓愈曰元濟就擒承宗破膽矣願得奉丞相書往說之可不煩兵而服愈白度爲書遣之承宗懼求哀於田宏正請以二子爲質及獻德棣二州輸租稅請官吏宏正爲之請上許之宏正遣使送其二子知感知信及二州圖至京師幽州大將譚忠亦說劉總曰自元和以來劉闢李錡田季安盧從史吳元濟阻兵憑險自以爲深根固蔕天下莫能危也然顧盼之間身死家覆此非人力所能及殆天誅也況今天子神聖威武

苦心焦思縮衣節食以養戰士此志豈須臾忘天下哉今國兵駸駸北來趙人已獻城十二忠深爲公憂之總泣曰聞先生言吾心定矣遂專意歸朝廷

昭義大將李丕來降議者或謂賊故遣丕降欲以疑誤官軍李德裕曰自用兵半年未有降者今安問誠之與詐且須厚賞以勸將來但不可置之要地耳

阡能入蜀州境陳敬瑄以楊行遷等久無功以押牙高仁厚爲都招討指揮使往代之未發前一日執阡能之諜者仁厚溫言問之對曰某村民阡能囚某父母妻子而曰汝詗事得實則免汝家不然皆死某非願爾也仁厚曰誠如

是我何忍殺汝汝歸但語吁能云高尙書來日發所將止五百人無多兵也然我活汝一家汝爲潛語寨中人云僕射憫汝曹皆良人爲賊所制故使尙書救汝汝若投兵迎降當書汝背爲歸順字遣汝復舊業所欲誅者吁能羅渾擎句胡儈羅夫子韓求五八耳諜曰此皆百姓心上事尙書盡知而赦之其誰不聽命遂遣之明日引兵發至雙流周視塹柵怒曰重複牢密如此宜其可以安眠飽食養寇邀功也將斬白文現監軍救免命悉平塹柵留兵五百守之賊伏兵千人於野橋箐以邀官軍仁厚詗知之引兵圍之下令勿殺遣人釋戎服入賊中告諭賊大喜爭投兵請

降仁厚悉撫慰書其背使歸寨中餘衆悉出降仁厚謂降者曰本欲卽遣汝歸爲前途諸寨未知吾心或有憂疑藉汝曹前行過諸寨示以背字告諭之乃取渾擎旗倒繫之每五十人授以一旗使前走揚旗疾呼曰羅渾擎已擒大軍行至汝曹速如我出降得爲良人無事矣至穿口句胡僧置十一寨寨中人爭出降胡僧大驚拔劍遏之衆投石擊之共擒以獻仁厚其衆五千餘人皆降又明旦焚寨使降者先驅一如雙流至新津韓求置十三寨皆迎降求自投深塹衆鉤出之斬首以獻將士欲焚寨仁厚曰降人皆未食先運出穀糧然後焚之新降者競炊爨與先降來告者

共食之語笑歌吹終夜不絕明日仁厚至縱雙流穿口降者先歸使新津降者執旗前驅且曰入邛州境亦可散歸矣羅夫子置九寨於延貢其衆前夕望新津火光已不眠矣及新津人至羅夫子脫身棄寨奔阡能其衆皆降羅夫子奔阡能寨與之謀悉衆決戰未定執旗先驅者至能欲出兵衆皆不應明旦諸寨呼譟爭出羅夫子自刎衆挈其首縛阡能驅之前迎官軍見仁厚擁馬首大呼泣拜曰百姓負冤日久無所控訴自諜者還百姓引領度頃刻如期年今遇尙書如出九泉睹白日已死而復生矣賊寨在他所者分遣諸將往降之仁厚出軍凡六日五賊皆平陳敬

瑄梟諸帥於市自餘不戮一人敬瑄榜邛州賊黨皆釋不問未幾邛州刺史申捕獲阡能叔父行全家請準法敬瑄以問孔目官唐溪對曰公已榜勿問而刺史復捕之此必有故今若殺之豈惟使明公失大信竊恐阡能之黨紛紛復起矣敬瑄從之因問其所以然果行全有良田數百畝刺史欲買之不與故恨之耳敬瑄召刺史按之刺史以憂死

楊行密謂諸將曰孫儒之眾十倍於我吾數戰不利欲退保銅官何如劉威李神福曰儒掃地遠來利在速戰宜屯據要害堅壁清野以老其師時出輕騎抄其餽餉奪其俘

掠彼前不得戰退無資糧可坐擒也戴友規曰若望風棄城正墮其計淮南士民及自儒軍來降者甚衆公宜遣將先護送歸淮南使復生業儒軍聞淮南安堵人心皆思歸人心旣搖安得不敗行密悅從之至是屢破儒兵張訓屯安吉斷其糧道儒食盡士卒大疫行密縱兵擊之儒軍大敗

王建圍彭州久不下民皆竄匿山谷諸寨日出俘掠有軍士王先成者度諸將惟王宗侃最賢乃往說之曰彭州本西川之巡屬也陳田以授楊晟使拒朝命今陳田已平而晟猶據之州民皆知西川大府而司徒其主也故大軍始至

民不入城而入山谷以待招安今軍士掠之而司徒不恤彼將吏思楊氏矣宗侃惻然不覺屢移其牀前問之先成曰又有甚於是者今諸寨旦出淘虜薄暮乃還曾無守備之意城中萬一有智者爲之畫策伏兵門內望淘虜者稍違使出奮擊又於三面城下各出耀兵諸寨咸自備禦無暇相救能無敗乎宗侃矍然曰此誠有之將若之何先成請條列爲狀以白王建凡七條一乞招安山中百姓二乞禁諸寨淘虜三乞置招安寨選部將謹幹者執兵巡衛四乞招安之事宜帖宗侃專掌五乞悉索所虜彭州百姓集於營場有父子兄弟夫婦自相認者即使相從送招安寨

敢匿者斬六乞置九隴行縣於招安寨中撫理百姓給帖入山招其親戚七乞彭士宣麻民未入山多逼藏者宜令縣令曉喻各歸田里出而齎之以爲資糧必漸復業建得之大喜即行之三日民出山赴寨如歸市久之見村落無抄暴稍辭縣令復其故業月餘招安寨皆空

河北宣撫使李彌大有大校李復者鼓衆大亂淄青附之彌大檄韓世忠追擊世忠兵不滿千人千人分爲四隊布鐵蒺藜自塞歸路令曰進則勝退則死走者命後隊斬殺於是莫敢返顧皆死戰大破之斬李復餘黨走潰乘勝逐北至宿遷賊尙萬人方擁子女椎牛縱酒世忠單騎夜造

其營呼曰大軍至矣亟束戈卷甲吾能保全汝賊駭慄請命因跪進牛酒世忠下馬解鞍與共飲啖就降其衆萬餘

眞定懷衛間金兵甚盛方密修戰攻之具宗澤以爲憂乃渡河約諸將共議事宜以圖收復而京城四壁各置使以領招集之兵造戰車千二百乘又立堅壁二十四所於城外沿河鱗次爲連珠砦連結河東河北各山砦忠義民兵於是陝西京東西諸路人馬咸願聽澤節制矣

岳飛奉命討楊太於洞庭而所部皆西北人不習水戰飛曰兵法何常顧用之何如耳乃先遣使招諭之其黨黃佐曰岳節使號令如山若與之戰萬無生理不如往降節使

誠信必善遇我遂降飛表授佐武義大夫單騎按其部拊佐背曰子知逆順者果能立功封侯豈足道欲復遣子歸湖中覘其可乘者擒之可勸者招之如何佐感泣誓以死報時張浚至潭州席益疑飛玩寇欲以聞浚曰岳侯忠孝人也兵有深機胡可易言益慚而止黃佐襲周倫砦殺之飛上其功遷武功大夫統制任士安不受王瓔令無功飛鞭士安使餌賊曰三日賊不平斬汝士安宣言岳太尉兵二十萬至矣賊見任士安軍併力攻之飛設伏士安戰急伏四起擊賊賊走會朝旨召浚還防秋飛袖小圖示浚浚欲俟來年議之飛曰已有定畫都督能少留八日可破賊

浚曰何言之易飛曰王四廂以王師攻水寇則難飛以水寇攻水寇則易水戰我短彼長以所短攻所長是以難也若以敵將用敵兵奪其手足之助離其腹心之託使孤立而以王師乘之八日之內當俘諸酋浚許之飛遂如鼎州黃佐招楊欽來降飛喜曰楊欽驍悍旣降賊腹心潰矣表授欽武義大夫禮遇甚厚乃復遣歸湖中兩日欽說全琮劉詵來降飛詭罵欽曰賊不盡降何來也杖之復遣去是夜掩賊營降其衆數萬

孟珙敗金武仙於順陽初金唐鄧行省恒山公武仙次兵於順陽與唐州守將武天錫鄧州守將移剌瑗相掎角謀迎

金主入蜀遂犯光化其鋒甚銳珙逼天錫營俘其將士四百餘人又敗金人於呂堰俘獲不可勝計遂攻順陽武仙敗走馬蹬山縣令李英以城降移剌瑗孤立而懼遣使請降珙納之爲易衣冠以賓禮見於是降者相繼珙言於制使史嵩之曰歸附之人宜因其鄉土而使之耕因其人民而立之長少壯籍爲軍俾自耕自守才能者分以土地任以職事使各招其徒以殺其勢嵩之從其請秋七月孟珙大敗武仙於馬蹬山降其衆而還先是武仙愛將劉儀詣珙降珙問仙虛實儀言仙所據九砦其大砦在石穴山以馬蹬沙窩岵山三砦蔽其前三砦不破石穴未可圖也若

破離金砦則岵山沙窩孤立也珙乃遣兵攻離金掩殺幾盡是夕復令壯士擣王子山砦斬金將首而出遂圍馬蹬殺戮山積還至沙窩西與金人戰大捷丁順復破黑里砦於是仙之九砦六日而破其七珙召儀曰此砦既破板橋石穴必震汝能爲我招之乎劉儀又請選婦人三百僞逃歸懷招安榜以往珙料仙勢窮必上岵山絕頂窺伺乃令樊文彬詰旦奪岵山駐軍其下當前設伏後遮歸路已而仙衆果登岵山及半文彬麾旗兵四起仙衆失措枕藉崖谷山爲之赭殺其將兀沙惹擒七百三十人棄鎧甲如山薄暮珙進軍至小水河儀言仙謀往商州依險以守然老稚不

顧北去珙曰進兵不可緩夜漏十刻召文彬授方略明日攻石穴雨夜蓐食起行晨至石穴時雨未霽文彬患之珙曰此雪夜擒元濟之時策馬直至石穴分兵進攻自寅至巳遂破石穴仙走追及於鮎魚砦仙望見易服而遁復戰於銀葫蘆山又敗與五六騎奔追之隱不見降其衆七萬珙還襄陽

乾坤大略卷五終

乾坤大略卷六自序

兵法城有所不攻者當奉之以爲主至於要害之地我不得此則進退不能如意而形相制勢相禁於是反旗鳴鼓以試吾鋒霍然如探喉骨而拔胸塊也昔高帝長驅入關已行過宛西張良云今不下宛而西進前有强敵宛乘其後我腹背受敵此危道也乃夜迴兵圍宛克之遂得前進無慮夫以深入重地之師計必制敵之死命而留中梗以貽後患豈良圖哉古恆有軍既全勝而一城扼險制吾首尾幾覆大業者皆由於謀之不早也狄青之取崑崙神矣不然屈力殫貨鈍兵挫銳之戒豈不聞之吾知有不顧而

疾趨焉耳何必攻

攻取必於要害

隗囂反使其將王元據隴坻漢之諸將與戰大敗而還帝詔耿弇軍漆馮異軍栒邑祭遵軍汧吳漢等屯長安馮異引軍未至栒邑囂乘勝使王元行巡將二萬餘人下隴分遣巡取栒邑異卽馳兵欲先據之諸將曰虜兵盛而乘勝不可與爭鋒宜止軍便地徐思方略異曰虜兵壓境狃於小利遂欲深入若得栒邑三輔動搖夫攻者不足守者有餘今先據城以逸待勞非所以爭也潛往閉城偃旗鼓行巡不知馳赴之異卒起擊鼓建旗而出巡軍驚亂奔走追

擊大破之祭遵亦破王元於汧於是北地諸豪長耿定等悉叛囂降漢

來歙將二千餘人伐山開道從番須回中徑襲略陽斬囂將金梁囂大驚曰何其神也帝聞得略陽甚喜曰略陽囂所依阻心腹已壞則制其支體易矣吳漢等諸將聞歙據略陽爭馳赴之上以爲囂失所恃亡其要城勢必悉以精銳來攻曠日久圍而城不拔乃可乘危而進皆追漢等還

袁紹與操書辭語驕慢操語荀彧郭嘉曰今將討不義而力不敵何如對曰劉項之不敵公所知也今紹有十敗公有十勝紹雖强無能爲也嘉又曰紹方北擊公孫瓚可因

其遠征東取呂布若紹爲寇布爲之援此深害也彧亦曰不先取呂布河北未易圖也操曰然吾所惑者又恐紹侵擾關中西亂羌胡南誘蜀漢是我獨以兗豫當天下六分之五也爲將奈何彧曰關中將帥以十數莫能相一唯韓遂馬騰最强今若撫以恩德遣使連和雖不能久安比公安定山東足以不動侍中鍾繇有智謀若屬以西事公無憂矣

曹操欲自擊呂布諸將皆曰劉表張繡在後而遠襲呂布其危必也荀攸曰表繡新破勢不敢動布驍猛又恃袁術若縱橫淮泗閒豪傑必應之今乘其初叛衆心未一往可

破也

操圍下邳久疲敝欲還荀攸郭嘉曰呂布勇而無謀今屢戰皆北銳氣衰矣三軍以將爲主主衰則軍無奮意陳宮有智而遲今及布氣之未復宮謀之未定急擊之可拔也乃引沂泗水灌城降之

法正說劉備曰曹操一舉而降張魯定漢中不因此勢以圖巴蜀而留夏侯淵張郃屯守身遽北還此非其智不逮而力不足也必將內有憂偪故耳今策淵郃才略不勝國之將帥舉衆往討必可克之克之之日廣農積穀觀釁伺隙上可以傾覆寇敵尊獎王室中可以蠶食雍涼廣拓境

土下可以固守要害爲持久之計此蓋天以與我時不可
失也備乃進兵遣張飛馬超吳蘭等屯下辨
關羽討樊威震華夏孫權與羣臣議所伐權曰今欲先取
徐州何如蒙對曰今操撫輯幽冀未暇東顧徐土往自可
克然地勢陸通今日取之操後旬必來爭雖以七八萬人
守之猶當懷憂不如取羽全據長江形勢益張易爲守也
權善之
吳步闡據西陵叛降晉陸抗急圍之晉羊祜兵五萬至江
陵諸將以抗不宜上抗曰江陵城固兵足無可憂者假令
敵得之必不能守所損者小若晉據西陵則南山羣夷皆

勳其忠不可量也乃率衆赴西陵

劉曜圍後趙洛陽後趙王勒欲自救洛陽程遐等固諫勒召徐光謂曰庸人之情皆謂曜鋒不可當曜帶甲十萬攻一城而百日不克師老卒怠以我初銳擊之可一戰而擒若洛陽不守曜必自河以北席卷而來吾事去矣對曰曜不能進臨襄國更守金墉此其無能爲可知也以大王威略臨之彼必望旗奔北平定天下在此一舉矣勒笑曰卿言是也乃使內外戒嚴命石堪會滎陽石虎進據石門勒自統步騎濟自大堨謂光曰曜盛兵成皋關上策也沮洛水其次也坐守洛陽此成擒耳至成皋見趙無守兵大喜

舉手加額曰天也卷甲銜枚詭道兼行出於鞏嶜之間卒
戰於西陽門外擒曜
秦王興大發諸軍遣義陽公平等伐魏自將大軍繼之平
拔魏乾壁魏主珪遣長孫肥爲前鋒自將大軍繼後以禦之
肥敗平平走柴壁嬰城固守魏軍圍之興將兵四萬救平
將據天渡運糧以餉平魏博士李先曰兵法高者爲敵所
棲深者爲敵所囚今秦兩犯之宜先遣奇兵據天渡柴壁
可不戰取也珪命增築重圍內防平出外拒興入將軍安
同曰汾東有蒙阬東西三百餘里蹊徑不通興來必從汾
西臨柴壁如此虜聲勢相接重圍雖固不能制也不如爲

浮梁渡汾西築圍以拒之虜至無所施其智力矣珪從之率步騎三萬逆擊興於蒙阬之南興退走四十餘里屯汾西伐柏材從汾上流縱之欲以毀浮梁魏人皆鉤取爲薪平糧竭矢盡夜突圍不得出乃帥麾下赴水死餘眾二萬人皆就擒興力不能救舉軍痛哭珪乘勝進攻蒲坂

李密說翟讓曰今四海糜沸不得耕耘公士眾雖多食無倉廩唯資野掠常苦不給若曠日持久加以大敵臨之必渙然離散未若先取滎陽休兵館穀待士馬肥充然後與人爭利讓從之於是攻滎陽諸縣多下之

唐太宗之克白巖也謂李世勣曰安市城險而兵精建安

兵弱而糧少若出其不意攻之必克建安下則安市在吾腹中此兵法所謂城有不攻者也對曰建安在南安市在北吾軍糧皆在遼東今踰安市而攻建安若賊斷吾運道將若之何上從之世勣遂攻安市不下世勣請克城之日男子皆坑之安市人聞之益堅守高延壽高惠眞共請曰烏骨城主老耄不能堅守移兵臨之朝至夕克其餘小城必望風奔潰然後收其資糧鼓行而前平壤必不守矣羣臣亦請召張亮拔烏骨渡鴨綠水直取平壤上將從之爲長孫無忌所阻卒無功而還

貝州刺史張源德北結滄德南連劉鄩以拒晉數斷鎮定

糧道或說晉主請先源德東兼滄景則海隅之地皆為我有晉主曰不然貝州城堅兵多未易猝攻德州隸於滄州而無備若得而戍之則滄貝不得往來二壘既孤然後可取乃遣騎五百晝夜兼行襲德州克之

狄青討儂智高進次賓州智高還守邕州青懼崑崙險阨為所據乃按兵不動下令賓州具五日糧休士卒值上元節令大張燈燭首夜宴將佐次夜宴從軍官三夜饗軍校首夜樂飲徹曉次夜二鼓時青忽稱病暫起如內久之使人諭孫沔令暫主席行酒少服藥乃出數使勸勞客座至曉客未敢退忽有馳報者云夜時三鼓元帥已奪崑崙關

矣是夜大風雨青率兵渡崑崙關旣度大喜曰賊不知守
此無能爲也已近邕州賊方覺逆戰於歸仁鋪青登高望
之賊據坡上我軍薄之青使步卒居前匿騎兵於後纛使
驍勇者當前盡執長槍前鋒孫節戰不利死將卒畏青莫
敢退青登高執五色旗麾騎兵爲左右翼出其後斷蠻軍
爲三旋而擊之左者右右者左已而右者復左左者復右
賊不知所爲賊之標牌軍爲馬軍所衝突皆不能駐槍立
如束軍士又縱馬上鐵連枷擊之遂皆披靡智高焚城遁去
張宏範攻樊城流矢中其肘束創見阿朮曰襄在江南樊
在江北我陸攻樊則襄出舟師來救終不可取若截江道

斷救兵水陸夾攻則樊破而襄亦下矣阿朮從之初襄樊
兩城漢水出其間文煥植木江中鎖以鐵絙上造浮橋以通
援兵樊亦恃此為固至是阿朮以機鋸斷木以斧斷絙燔
其橋襄兵不能援乃以兵截江而出銳師薄樊城城遂破阿
里海涯言荆襄自古用武之地漢水上流已為我有順流
下驅宋必可平

乾坤大略卷六終

乾坤大略卷七自序

能取非難取而能守之爲難汛守非難守而能得其要之爲難昔項羽委敖倉而不守棄關中而不居而卒使漢資之以收天下此最彰明較著者也他如陳豨之不知據邯鄲而阻漳水董卓之不知依舊京而守雒陽自古及今坐此患者不可勝數而獨南宋君臣守江失策尤爲可笑試取當日諸巨公奏議觀之了然矣

乾坤大略卷七

據守必審形勝

朱鮪聞光武北而河內孤使討難將軍蘇茂副將賈強將兵三萬餘人度鞏河攻温檄書至寇恂即勒軍馳出並移屬縣發兵會於温下軍吏皆諫曰今洛陽兵渡河前後不絕宜待衆軍畢集乃可出也恂曰温郡之藩蔽失温則郡不可守遂馳赴之旦日合戰而偏將軍馮異遣救及諸縣兵適至士馬四集幡旗蔽野恂乃令士卒乘城鼓譟大呼言曰劉公兵到蘇茂軍聞之陣動恂因奔擊大破之追至洛陽遂斬賈強茂兵自投河死者數千生擒萬餘人恂與

馮異過河而還自是洛陽震恐城門晝閉時光武傳聞朱鮪破河內有項檄至大喜曰吾知寇子翼可任也

時寇賊縱橫道路梗塞劉表單馬入宜城請南郡名士蒯良蒯越與之謀曰今江南宗賊甚盛各擁衆不附若袁術因之禍必至焉吾欲徵兵恐不能集其策焉出越曰袁術驕而無謀宗賊率多貪暴爲下所患若使人誘之以利必以衆來使君誅其無道撫而用之一州之人有樂存之心聞君威德必襁負而至矣兵集衆附南據江陵北守襄陽荊州八郡可傳檄而定公路雖至無能爲也表曰善乃使誘宗賊帥至者十五人皆斬之而取其衆遂徙治襄陽鎮

撫郡縣江南悉平

初何進遣張楊募兵并州會進敗楊留上黨有衆數千人至是歸袁紹於河內與南單于屯漳水韓馥以豪傑多歸心袁紹忌之陰節其糧欲使離散紹客逢紀謂紹曰將軍舉大事而仰人資給不據一州無以自全韓馥庸才可密要公孫瓚取冀州馥必駭懼因遣辯士爲陳禍福馥迫於倉卒必有遜讓紹以書與瓚瓚遂引兵至馥與戰不利會董卓入關紹還軍延津使馥所親辛評荀諶郭圖等說馥曰公孫瓚將燕代之卒乘勝來南其鋒不可當袁車騎引軍東向其意亦未可量也竊爲將軍危之馥懼曰然則爲

之奈何諶因說馥舉冀州讓紹馥性恇怯然諶計馥長史耿武別駕閔純治中李歷聞而諫曰袁紹孤客窮軍仰我鼻息譬如嬰兒在股掌之上絕其乳哺立可餓殺奈何欲以州與之馥曰吾袁氏故吏且才不如本初度德而讓古人所貴諸君獨何病焉馥乃避位讓紹紹承制以馥爲奮威將軍而無所將御

鮑信謂曹操曰袁紹爲盟主因權專利將自生亂是復有一卓也抑之則力不能制且可規大河之南以待其變操善之會黑山白繞等十餘萬眾略東郡操引兵擊破之袁紹因表操爲東郡太守治東武陽 此條見一卷

青州黃巾寇兗州劉岱欲擊之濟北相鮑信曰今賊衆百萬百姓皆震恐士卒無鬭志不可敵也然賊軍無輜重唯以抄略爲資今不若畜士衆之力先爲固守彼欲戰不得攻又不能其勢必離散然後選精銳據要害擊之可破也岱不從遂與戰果爲所殺曹操部將陳宮謂操曰州今無主而王命斷絕宮請說州中綱紀明府尋往牧之資之以取天下此霸王之業也宮因說別駕治中迎操領兗州刺史賊衆精悍操兵寡弱操撫循激勸明設賞罰乘間設奇晝夜會戰戰輒禽獲賊遂退走鮑信戰死操追至濟北悉降之得卒三十餘萬收其精銳號青州兵詔以金尙爲兗

州刺史將之部操逆擊之尙奔袁術
曹操使荀彧程昱守鄄城復往攻陶謙陳宮說張邈張超叛曹迎呂布爲兗州牧是時兗州郡縣皆應布惟鄄城范東阿三城不動彧謂昱曰今舉州皆叛唯有此三城不動君民之望也宜往撫之昱乃過范說其令靳允曰聞呂布執君母弟妻子孝子誠不可爲心今天下大亂英雄並起必有命世能息天下之亂者此智士所宜詳擇也夫布粗中少親剛而無禮匹夫之雄耳宮等以勢假合不能相君也曹使君智略不世出殆天所授也君必固范我守東阿則田單之功可立孰與違忠從惡而母子俱亡乎允泣涕

許之遂殺汎嶷勒兵自守昱又遣別騎絕倉亭津宮不得渡至東阿令棗祗已拒城堅守卒完三城以待操布攻鄄城不能下西屯濮陽操曰布不能據東平斷亢父泰山之道乘險要我而乃屯濮陽吾知其無能爲也乃進攻之操還鄄城布屯山陽袁紹使人說操欲使遣家居鄴操將許之程昱曰意者將軍殆臨事而懼不然何慮之不深也夫袁紹有并天下之心而智不能濟也將軍自度能爲之下乎今兖州雖殘尚有三城能戰之士不下萬人以將軍之神武與文若昱等收而用之霸王之業可成也願將軍更慮之操乃止

呂布將薛蘭李封屯鉅野曹操攻之斬蘭等謙已死欲遂
取徐州還乃定布荀彧曰昔高祖保關中光武據河內皆
深根固本以制天下進足以勝敵退足以堅守故雖有困
敗而終濟大業將軍本以兗州首事且河濟天下之要地是
亦將軍之關中河內也不可不先定今分兵東擊陳宮以
其間收熟麥一舉而布可破也若舍而東多留兵則不足
用少留兵則布乘虛寇暴人心益危是無兗州也若徐州
不定將軍當安所歸乎操乃止布復與陳宮將萬餘人來
戰操兵皆出收麥在者不能千人屯西有大隄操隱兵隄
裏出半兵挑戰既合伏發大破之攻拔定陶分兵平諸縣

布東奔劉備

袁紹每得詔書患其有不便於已者欲移天子自近使說曹操以許下卑溼雒陽殘破宜徙都鄄城以就軍實操拒之田豐曰徙都之計既不克從宜早圖許奉迎天子動託詔書號令海內此算之上者不爾終爲人所擒雖悔無益也紹不從而亡卒有以豐謀白操者操解穰圍而還

初袁紹與操共起兵紹問操曰今倡義舉大事事不輯則方面何所可據操曰足下意以爲何如紹曰吾南據河北阻燕代兼戎狄之眾南向以爭天下庶可濟乎操曰吾任天下之智勇以道御之焉無所不可

呂蒙聞曹操欲東兵說孫權夾濡須水口立塢焉諸將皆曰上岸擊賊洗足入船何用塢爲曰兵有利鈍戰無百勝如有邂逅敵步騎蹙人不暇及水其得船乎權遂從之

操自長安出斜谷軍遮要以臨漢中劉備曰曹公雖來無能爲也我必有漢川矣乃斂衆拒險終不交鋒相守月餘操引還長安

曹爽與夏侯元兵十餘萬自駱谷入漢中漢中守兵不滿三萬諸將恐欲守城不出以待涪兵王平曰此去涪垂千里賊若得關便爲深禍遂遣護軍劉敏據興勢多張旗幟彌亘百餘里不絕帝遺費禕救之魏兵不得進

吳諸葛恪入淮南或曰宜圍新城俟救至而圖之可大獲也恪從之魏司馬師問於虞松曰今二方皆急而諸將意阻若之何松曰昔周亞夫堅壁昌邑而吳楚自敗事有似弱而強者不可不察也今恪悉其銳衆足以肆暴而坐守新城欲以致一戰耳若攻城不拔請戰不可師老衆疲勢將自遁諸將之不進乃公之利也姜維投食我麥非深根之寇謂我並力於東是以徑進今若使關中諸軍倍道急赴出其不意殆將走矣師曰善乃使郭淮陳泰解狄道之圍敕毌丘儉等按兵自守以新城委吳維果以糧盡引還魏揚州牙門將張特守新城吳人攻之連月不克乃引去

汝南太守鄧艾言於司馬師曰孫權已沒大臣未附恪不念撫恤上下以立根基乃競於外事載禍而歸其亡可立待也

夏王勃勃聞裕伐秦曰裕取關中必矣然不能久留必將南歸若留子弟及諸將守之吾取之如拾芥耳乃秣馬養士進據安定嶺北郡縣皆降及聞劉裕東還大喜召王買德問計買德曰關中形勝之地而裕以幼子守之狼狽而歸正欲急成篡事不暇復以中原爲意此天以關中賜我不可失也青泥上洛南北之險宜先遣游軍斷之東塞潼關絕其水陸之路然後傳檄三輔施以恩德則義真在網罟之中

不足取也勃勃乃遣子璡帥騎二萬向長安別將屯青泥
及潼關而自將大軍爲後繼
哥舒翰禦祿山會有告賊將崔乾祐在陜兵不滿四千皆
羸弱無備上遣使趣翰進兵復陜洛翰奏曰祿山久習用
兵豈肯無備是必羸師以誘我若往正墮其計中且賊遠
來利在速戰官軍據險利在堅守况賊勢日蹙將有內變
因而乘之可不戰擒也要在成功何必務速今諸道徵兵
尚多未集請且待之郭子儀李光弼亦請引兵北取范陽
覆其巢穴賊必內潰潼關大軍惟應固守以敝之不可輕
出楊國忠疑翰謀己言上趣之出兵果敗

張巡守睢陽爲東南屏蔽

史思明分軍四道濟河會於汴州李光弼方巡諸營聞之入汴州謂節度使許叔冀曰大夫能守汴州十五日我則來救叔冀許諾思明至汴州叔冀與戰不勝遂降之思明乘勝西攻鄭州光弼整衆徐行至洛陽留守韋陟請留兵於陝退守潼關光弼曰兩敵相當貴進忌退今無故棄五百里地賊勢益張矣不若移軍河陽北連澤潞利則進取不利則退守表裏相應使賊不敢西侵此猿臂之勢也判官韋損曰東京帝宅奈何不守光弼曰守之則氾水崿嶺龍門皆應置兵子爲兵馬判官能守之乎遂牒河南尹帥

吏民避賊而率軍士詣河陽時思明遊兵已至石橋光弼當石橋而進部曲堅整賊不敢逼

王稟守太原黏沒喝攻之不下乃分兵趨汴京平陽叛卒導金人兵入南北關沒喝嘆曰關險如此而使我過之南朝無人矣

陳規守德安中原郡縣皆失守獨此一城存

張浚聞金人入德順軍乃退保興州時輜重焚棄將士散亡惟親兵千餘自隨人情大沮或請徙治夔州參軍事劉子羽叱之曰孺子可斬也四川全盛敵欲入寇久矣直以川口有鐵山棧道之險未敢遽窺爾今不堅守縱使深入而吾

僻處夔峽遂與關中聲援不相聞進退失計悔將何及今
幸敵方肆掠未逼近郡宣司但當留守興州外繫關中之
望內安全蜀之心急遣官屬出關呼召將等收集散亡分
布隘險堅壁固壘覩釁而動庶幾可以補前愆耳浚然其言
而諸參佐無敢行者子羽請行乃單騎至秦州召諸亡將
時諸將不知宣司所在及聞命大喜悉以衆來會凡十餘
萬人軍勢復振子羽因請遣吳玠聚兵阨險於鳳翔大散
關東之和尚原以斷敵來路關師古等聚兵於岷州大潭
孫偓賈世方等聚涇原鳳翔兵於階成鳳三州以固蜀口
金人知有備遂引去

吳玠自富平之敗收散卒保和尙原積粟繕兵列柵爲死守計或謂玠宜退屯漢中扼蜀口以安人心玠曰我保此敵決不敢越我而進是所以保蜀也

吳璘守和尙原餽餉不繼吳玠慮金人必復深入且其地去蜀遠乃命璘別營壘於仙人關右之地名曰殺金平移兵守之至是三月辛亥朔兀朮撒離喝劉夔帥步騎十萬破和尙原進攻仙人關自鐵山鑿崖開道循嶺東下玠以萬人守殺金平以當其衝璘自武階路入援先以書抵玠謂殺金平之地闊遠前陣散漫後陣阻隘宜益修第二隘示必死戰然後可以必勝玠從之急治第二隘璘冒圍轉戰

七晝夜始得與玠會於仙人關敵首攻玠營玠擊走之又以雲梯攻壘壁楊政以撞竿壞其梯以長矛刺之諸將有請別擇地以守者璘拔刀畫地謂諸將曰死則死此退者斬金軍分爲二兀朮陣於東韓常陣於西璘率銳卒介其間左縈右繞隨急而後戰戰久璘軍少憊急屯第二隘金生兵踵至璘以駐隊矢迭射翼日敵命攻西北樓又卻之玠急遣田晟相救金人宵遁玠遣張彥劫橫山砦王俊伏河池扼其歸路又敗之度玠終不可犯乃還據鳳翔授甲士田爲久留計不妄動矣

劉豫僉鄉兵三十萬分三道入寇帝慮張俊劉光世不足

任因命岳飛盡以兵東下而手札付張浚令俊光世沂中等還保江浚上言若諸將渡江則無淮南而長江之險與賊共有淮南之屯正所以屏蔽大江使賊得淮南因糧就運以爲家計江南其可保乎今正當合兵掩擊可保必勝若一有退意則大事去矣且岳飛一動襄漢有警何所恃乎願朝廷勿專制於中使諸將有所觀望也帝手書報浚曰非卿識高慮遠何以及此由是異議乃息沂中兵至濠光世已舍廬州將趨采石淮西大震浚聞之令呂祉馳往光世軍諭之曰有一人渡江即斬以徇光世不得已復還廬州與沂中等相應劉猊軍至淮東爲韓世忠所阻乃引趨

定遠劉麟從淮西繫三浮橋而渡次於濠壽之間張俊以兵拒之沂中使統制吳錫率勁卒五十突入其軍而自以精騎衝其脅大呼曰賊破矣賊衆大敗橫屍滿野

岳飛自鄂入見拜太尉繼除宣撫使以王德酈瓊兵隸之帝詔德瓊曰聽飛號令如朕親行飛見帝數論恢復之略疏言金人所以立劉豫蓋欲荼毒中原以中國攻中國彼得以休息觀釁耳臣願陛下假臣月日提兵趨京洛據河陽陝府潼關以號召五路叛將叛將既還遣王師前進豫必棄汴而走河北京畿陝右可以盡復然後分兵濬滑經略兩河如此則逆豫成擒金人可滅社稷長久之計實在此

舉帝曰有臣如此朕復何憂

副留守劉錡赴東京自臨安泝江絕淮至渦口聞金人敗盟南下錡與將佐捨舟陸行急趨三百里至順昌與知府陳規共守諸將欲還江南錡曰吾本赴官留司今東京爲金所陷吾幸全軍至此有城可守奈何棄之吾意決矣言去者斬惟部將許清議與錡合乃鑿舟沈之示無去意卒克大捷

孟宗政守棗陽金師完顏訛可步騎薄城宗政百計禦之金人屯城下八十餘日氣已竭宋師敗之於瀼河又敗之城南金人遁追至馬蹬寨焚其城入鄧州而還金人自是

不敢窺襄漢棗陽中原遺民來歸以萬數宗政發倉廩賑之給田刱屋與居籍其勇壯號忠順軍俾出沒唐鄧間由是威震境外

余玠爲四川宣諭使時播州冉璡冉璞兄弟隱居蠻中前後閫帥辟召不至至是詣玠曰某兄弟辱明公禮遇思有以少報其在徙合州城乎玠躍起曰此玠志也但未得其所耳曰蜀口形勝之地莫若釣魚山請徙諸此若任得其人積粟以守之賢於十萬師遠矣巴蜀不足守也玠大喜請於朝而官之卒築青居大獲釣魚雲頂天生凡十餘城皆因山爲壘碁布星分屯兵聚糧爲必守計又移金戎於

大獲以護蜀口移沔戎於青居興戎先駐合州舊城移守
釣魚共備內水又移利戎於雲頂以備外水於是如臂使指
氣勢聯絡矣
詔孟珙收復荊襄珙謂必得郢然後可以通饋餉得荊門
然後可以出奇兵由是指授方略發兵深入所在皆以捷
聞珙奏曰襄樊朝廷根本今百戰而得之當加經理非甲
兵十萬不足分守與其抽兵於敵來之後孰若保此全勝
上兵伐謀不爭之爭也乃置先鋒軍於襄郢歸順人隸之
四年珙條上流利害備禦宜為藩籬三層諜知元兵於襄
樊隨信陽招集軍民布種儲船材於鄧順陽乃遣一軍出

隨一軍出信陽一軍出襄分路撓其勢潛遣兵燒所積船材又度師必因糧於蔡遣張德劉整分兵入蔡火其積聚乃制拜四川宣撫使兼知夔州珙曰不擇險要立砦栅則難責兵以衛民不集流離安耕種則難責民以養兵於是大興屯田調夫築堰募農給種首秭歸尾漢口爲屯二十爲頃十八萬八千二百八十

孟珙兼知江陵登城嘆曰江陵所恃三海不知沮洳有變爲桑田者敵一鳴鞭卽至城外蓋自城以東古嶺先鋒直至三汊無限隔乃修復內隘十有一別作十隘於外有距城數十里者沮漳之水舊自城西入江因障而東之俾遶

城北入於漢而三海遂通爲一隨其高下爲匯畜洩三百里間渺然巨浸土木之工百七十萬民不知役因繪圖上之

蒙古兵次嵩汝間金御史臺言敵兵踰潼關殽沔深入重地近抵西郊彼知京師屯宿重兵不復叩城索戰但以游騎遮絕道路而別兵攻擊州縣是亦困京師之漸也若專以城守爲事中都之危又將見於今日况公私蓄積視中都百不及一此臣等所以寒心也願陛下命陝西兵扼距潼關與阿里不孫爲掎角之勢選在京勇敢之將十數各付精兵隨宜伺察且戰且守復諭河北亦以此待之金主

以奏付尚書省平章朮虎高琪曰臺官素不習兵備禦方略非所知也遂止高琪以蒙古兵日逼欲以重兵屯駐汴京以自固州郡殘破不復恤國勢益衰此條見一卷

呂文德守鄂有威名叛將劉整言於蒙古主曰南人惟恃呂文德耳然可以利誘也請遣使賂以玉帶求置榷場於襄陽城外以圖之請於文德文德果許之遂開榷場於樊城築土牆於鹿門山外通互市內築堡壁由是敵有所守以遏南北之援時出兵哨掠襄樊城外兵勢益熾文德知爲所賣然已無及矣至是整又言於蒙古主曰攻宋方略宜先從事襄陽襄陽吾故物由棄弗戍使宋得竊築爲強藩

如復襄陽浮漢入江則宋可平也蒙古從之遂徵兵諸路命阿朮與整經略襄陽阿朮駐馬虎頭山顧漢東白河口曰若築壘於此以斷宋餉道襄陽可圖也遂城其地呂文煥大懼遣人以蠟書告呂文德文德不信識者笑之劉整與阿朮計曰我精兵突騎所當者破惟水戰不如宋耳奪彼所長造戰艦習水軍事濟矣乃造船五千艘日練水軍雖雨不能出亦畫地爲船習之練卒七萬遂築白河城以困襄陽

乾坤大略卷七終

乾坤大略卷八自序

隆中數語野夫常談然亦曾有取其言細求之者乎今其言曰荆州北據漢沔利盡南海東連吳會西通巴蜀此用武之國益州險塞沃野千里高祖因之以成帝業若跨有荆益保其巖險西和諸戎南撫夷越外結好孫權內修政理天下有事則命一上將將荆州之軍以向宛洛將軍身率益州之衆出於秦川天下規模孰大於是所以當時英雄所見略同周瑜旣敗曹瞞因言於孫權曰今曹操旣敗方憂在腹心未能與將軍連兵相事也乞與奮威俱進取蜀而并張魯因留奮威固守其所與馬超結援瑜還與將

軍據襄陽以蹙曹北方可圖也江南形勝可以進窺中原者其論蓋本諸此厥後六朝勝敗不常力皆不副至於南宋諸公有其言而無其事然而其言亦精且悉矣其所云立都建業築行宮於武昌及重鎮襄陽以係中原之望又云天下形勢居西北足以控制東南居東南不足控制西北等語俱關至極聖人復起無以易也若夫朝廷之上置中書以總機務疆場之外建專閫以總征伐經理度支撫馭軍民適寬嚴之宜得緩急之序崇大體立宏綱破因循之舊格布簡快之新條使人人輯志處處嚮風斯立國之初政又不可以一事不周者也嗚呼盜賊之與帝王無俟

觀其成敗其規模氣象盡已不同矣

乾坤大略卷八

立國在有規模

先主攻成都令軍中曰有害劉巴者誅及三族及得巴甚喜以爲西曹掾時軍用不足備以爲憂劉巴請鑄直百錢平諸物價令吏爲官市備從之數月之間府庫充實或欲以成都名田宅分賜諸將趙雲曰霍去病以匈奴未滅無用家爲今國賊非但匈奴未可求安也須天下都定各反桑梓歸耕本土乃其宜耳益州人民初罹兵革田宅皆可歸還令安居復業乃可役調得其歡心不宜奪之以私所愛也備從之備留霍峻守葭萌城璋將向存帥萬餘人攻

圍一年峻兵才數百人伺其怠隙選精銳出擊大破斬之備以為梓潼太守

張浚謂中興當自關陝始慮金人或先入陝蜀則東南不可保因慷慨請行詔以浚為宣撫處置使聽便宜黜陟與沿江襄漢守臣議儲蓄以待臨幸帝問浚大計浚請身任陝蜀之事置幕府於秦州別遣大臣與韓世忠鎮淮東呂頤浩扈蹕來武昌為趨陝之計復以張俊劉光世與秦州相首尾帝然之初浚宣撫川陝之議未決監登聞檢院汪若海曰天下者常山蛇勢也秦蜀為首東南為尾中原為脊今以東南為首安能起天下之脊哉將圖恢復必在川

陝浚大悅 此條見一卷

金齊之兵日迫羣臣勸帝他幸散百司以避之張浚曰避將安之惟進禦乃可耳趙鼎曰戰而不捷去未晚也帝因曰朕爲二聖在遠屈己請和而彼復肆侵淩朕當親總六師臨江決戰沈與求復力贊之鼎喜曰累年退怯敵志益驕今聖斷親征將士必奮成功可必臣願效區區以圖報國於是以孟庾爲行宮留守命百司不預軍旅之務者從便避兵以張浚爲浙西江東宣撫使王𤅢爲江西沿江制置使胡松年詣江上會諸將議進兵劉光世移軍建康後宮自温州泛海如泉州光世遣人諷鼎曰相公自入蜀何

事與他人任患韓世忠亦曰趙丞相眞敢爲者鼎聞之恐上意中變乘間言養兵十年用之正在今日若少加退阻飭人心渙散長江之險不可復恃矣戊戌帝遂發臨安劉錫福楊存中以禁兵扈從韓世忠捷奏至壬寅帝次平江欲自渡江決戰鼎曰敵之遠來利在速戰遽與爭鋒非策也且逆豫猶遣其子豈可煩至尊耶帝乃止及胡松年自江上還云北兵大集然後知鼎之見遠也會雨雪餽道不通野無所掠殺馬而食蕃漢軍皆怨又聞金主晟病篤乃夜引還兀朮等已去劉麟劉猊不能獨留亦遁或問鼎曰金人傾國來攻衆皆洶懼公獨言不足畏何也鼎曰敵衆

雖盛然以劉豫邀而來非其本心戰不力是以知其不足畏也鼎奏金人遁歸猶當博采羣言爲善後之計於是詔前執政議攻戰備禦綏懷措置之方提舉臨安府洞霄宮李綱上疏曰陛下勿以敵退爲可喜而以仇敵未報爲可憤勿以東南爲可安而以中原未復爲可恥勿以諸將屢捷爲可賀而以軍政未修士氣未振爲可虞議者或以敵馬既退遂用爲大舉之計臣竊以生理未固而欲浪戰以僥倖非制勝之術也今朝廷以東南爲根本苟不大修守備先爲自固之計何以能萬全而制敵議者又謂敵人既退宜且保據一隅以苟目前之安臣謂祖宗境土豈可坐

視淪陷不務恢復若今歲不征明歲不戰使敵勢益張而
吾之所糾合精銳士馬日以耗損何以圖敵惟宜於防守
既固軍政既修之後即議攻討乃爲得計其守備之宜則
料理淮甸荆襄以爲東南屏蔽當於淮之東西及荆襄置
三大帥屯重兵以臨之分遣偏師進守枝郡加以戰艦水
軍上連下接自爲防守則藩籬之勢成守備之宜莫大於
是然後可議攻戰之利分責諸路大帥因利乘便收復京
畿以及故都斷以必爲之志而勿失機會則以弱爲强取
威定亂逆臣可誅强敵可滅攻戰之利莫大於是若夫萬
乘所居必擇形勝以爲駐蹕之所東南形勝無如建康舊

都未復莫若權於建康駐蹕治城池修宮闕立官府刱營壁使粗成規模以待巡幸此措置之所當先也至於西北之民皆陛下赤子荷祖宗涵養之深其心未嘗忘宋特制於强敵不能自歸天威震驚必有願爲內應者宜優加撫循使陷溺之民知所依恃益堅戴宋之心此綏懷之所當先也

京湖制置使汪立信移書賈似道爲今日之計者其策有二夫內郡何事乎多兵宜盡出之江干以實外禦算兵帳見兵可七十餘萬人老弱柔脆十分汰二爲選兵五十餘萬人而沿江之守則不過七千里若距百里而屯屯有守

將十屯爲府府有總督其尤要害處輒參倍其兵無事則泛舟長淮往來遊徼有事則東西齊奮戰守並用刁斗相聞饋餉不絕互相應援以爲聯絡之固選宗室大臣忠良有幹用者立爲統制分東西二府以蒞任得其人則率然之勢成矣此上策也久拘聘使無益於我徒使敵得以爲辭請禮而歸之許輸歲幣以緩師期不二三年邊處稍休藩垣稍固生兵日增可戰可守此中策也二策果不得行則天敗我也衡壁輿櫬之禮請備以俟

乾坤大略卷八終

乾坤大略卷九自序

干戈屢興民不安業郡縣蕭條無雞犬聲大兵一起立見此景語云師之所處荊棘生焉信非虛也如此而擁大眾以征伐掠無可掠何況轉輸乎古所謂百萬之眾無食不可一日支正此時矣李密以霸王之才徒以用粟不節卒致米盡人散之憂昔漢之興也食敖倉之粟唐之興也資黎陽之利今天下俱匱既無秦隋之富以貽之何所借以成漢唐之大業乎屯田一著所謂以人力而補天工也其法不一或兵屯或民屯大抵創業之屯與守成之屯不同懷遠圖者當於此處求之無煩詳載也

乾坤大略卷九

兵聚必資屯田

中平以來民棄農業諸軍並起率乏糧穀饑則寇略飽則棄餘瓦解流離無敵自破者不可勝數袁紹軍仰食桑椹袁術軍取給蒲蠃棗祗請建置田官屯田曹操從之以祗爲屯田都尉任峻爲典農中郎將募民屯田許下得穀百萬斛於是州郡例置田官所在給食倉庾皆滿故操征伐四方無餽餉之勞

操使御史衞覬鎭撫關中時四方大有還民諸將多引於部曲覬書與荀彧曰關中膏腴之地頃遭荒亂人民流入

荆州者十萬餘家今歸者無以自業諸將各自招懷以為部曲郡縣貧弱不能與爭兵家遂強一旦變動必有後憂夫鹽國之大寶也亂來放散宜如舊置使者監賣以其直益市犁牛若有歸民以供給之勤耕積粟以豐殖關中遠民聞之必日夜競還又使司隸留治關中以為之主則諸將日削官民日盛此強本弱敵之利也或以白操從之關中由是服從

魏欲廣田畜穀於揚豫之間使尚書郎鄧艾行陳項以東至壽春艾以為太祖破黃巾因為屯田積穀許都以制四方今三隅已定事在淮南每大軍出征運兵過半功費巨億

陳蔡之間上下田良可省許昌左右稻田并水東下令淮北二萬人淮南三萬人什二分休恆有四萬人且田且守益開河渠以增灌溉通漕運計除眾費歲完五百萬斛六七年間可積三千萬斛於淮上此則十萬之眾五年食也以此乘吳無不克矣司馬懿善之是歲始開廣漕渠每東南有事大軍泛舟逮於江淮資食有儲而無水害

岳飛復襄陽捷聞帝喜曰朕素聞飛行軍有紀律未知其能破敵如此飛因奏金賊所愛惟女子金帛志已驕惰劉豫僭偽人心終不忘宋如以精兵二十萬直擣中原恢復故疆誠易為力襄陽隨郢地皆膏腴苟行營田其利甚厚

臣請俟糧足即過江北勦敵時方重深入之舉而營田之議

自此興矣

乾坤大略卷九終

乾坤大略卷十自序

君見搏虎者乎平原廣澤不憚馳騖以逐之至於虎負隅矣則當設網羅掘陷阱圍繞其出路旁睨而伺之久將自困若奮不顧身徑進而與之鬭鮮不傷人矣吾之用兵自初起以至於勢成敵境日蹙而力亦日專此亦負隅之虎也吾欲一舉而斃之豈可不厚爲之防哉昔周世宗既平關南宴諸將於行營議取幽州諸將曰陛下離京四十二日兵不血刃取燕南之地此不世之功也今虜騎皆聚幽州之北未宜深入世宗卒還師宋曹彬潘美諸將北伐陛辭太宗謂曰潘美但先趨雲朔卿等以十萬衆聲言取幽

州且持重緩行不得貪利及曹彬等乘勝而前所至克捷每捷奏至帝訝其進軍之速後果以諸將貪利輕進至涿竟爲耶律休哥所敗非明鑑耶故欲克敵者强其勢厚其力謹其制利其器然後堂堂陳正正旗聲罪致討而施戎索乃全勝之術也不然吾甯蓄全力以俟之經綸庶政振舉遠猷大勢既定彼將焉往哉

乾坤大略卷十

克敵在勿欲速

漢王以項羽負約不王已關中怒欲攻之蕭何曰雖王漢中之惡不猶愈於死乎王曰何也何曰今衆不如百戰百敗不死何爲夫能詘於一人之下而伸於萬物之上者湯武是也臣願大王王漢中養其民以致賢人收用巴蜀還定三秦天下可圖也王曰善高祖爲漢王就國張良送至褒中王遣良歸韓良因說王燒絕所過棧道以備盜兵且示羽無東意及韓信引兵出張良遺項王書曰漢王失職欲得關中如約即止不敢東又以齊梁反書遺之羽以

故無西意而北擊齊
操還官渡紹乃議攻許田豐曰曹操既破劉備則許下非
復空虛且操善用兵眾雖少未可輕也今不如以久持之
外結英雄內修農戰然後簡其精銳乘虛迭出救右則擊
其左救左則擊其右使我未勞而彼已困不及三年可坐
克也今釋廟勝之策而決成敗於一戰若不如志悔無及
也紹不從
上至鳳翔旬日隴右河西安西西域之兵皆會江淮庸調
亦至長安人聞車駕至從賊中自拔而來者日夜不絕李
泌請如前策遣安西西域之眾並塞東北取范陽上曰今

大衆已集當乘兵鋒擣其腹心而更引兵東北數千里先取范陽不亦迂乎對曰今所恃者皆北方及諸胡之兵性耐寒而畏暑若乘其新至之銳攻祿山已老之師其勢必克兩京然春氣已深賊歸巢穴關東比熱官軍必困而思歸賊伺官軍之去必復南來然則征戰之勢未有涯也不若先用之於寒鄉除其巢穴則賊無所歸根本永絕矣上曰朕切晨昏之戀不能待此決矣

或言洛中將士皆燕人久戍思歸上下離心急擊之可破也魚朝恩以爲信然屢言之上敕李光弼進取東京光弼奏賊鋒尙銳未可輕進中使相繼督光弼出師光弼不得已

將兵會朝恩等攻洛陽陳於邙山光弼依險而陣懷恩陣於平原光弼曰依險則可進可退若陣平原戰而不利則盡矣思明不可忽也命移於險懷恩復止之史思明乘其未定薄之官軍大敗

太祖與趙普計下太原普曰太原當西北二面太原既下則邊患我獨當之不如姑俟削平諸國則彈丸黑子之地將安逃乎帝曰吾意正如此特試卿耳

乾坤大略卷十終

跋

此非談兵也談略也兵則千百端而不盡略則三數端而已明矣十卷挨次而進各有深意不可以一綫亂然亦一時俱有各卷中其前後左右中間皆有含蘊皆須發明皆待接補其爲機也甚活其爲用也甚廣其爲體也甚約有言所已及者有言所未及者有及而已盡者有及而未盡者每摘其一字可作十日讀百日想也故曰此定局亦活局也然須先識活局而後識是定局也此又非解者不辨也至於選將練兵安營布陣器械旗鼓間諜鄕導地利賞罰號令種種諸法如人之耳目口體一物不可少者則各

有專書不在此例矣

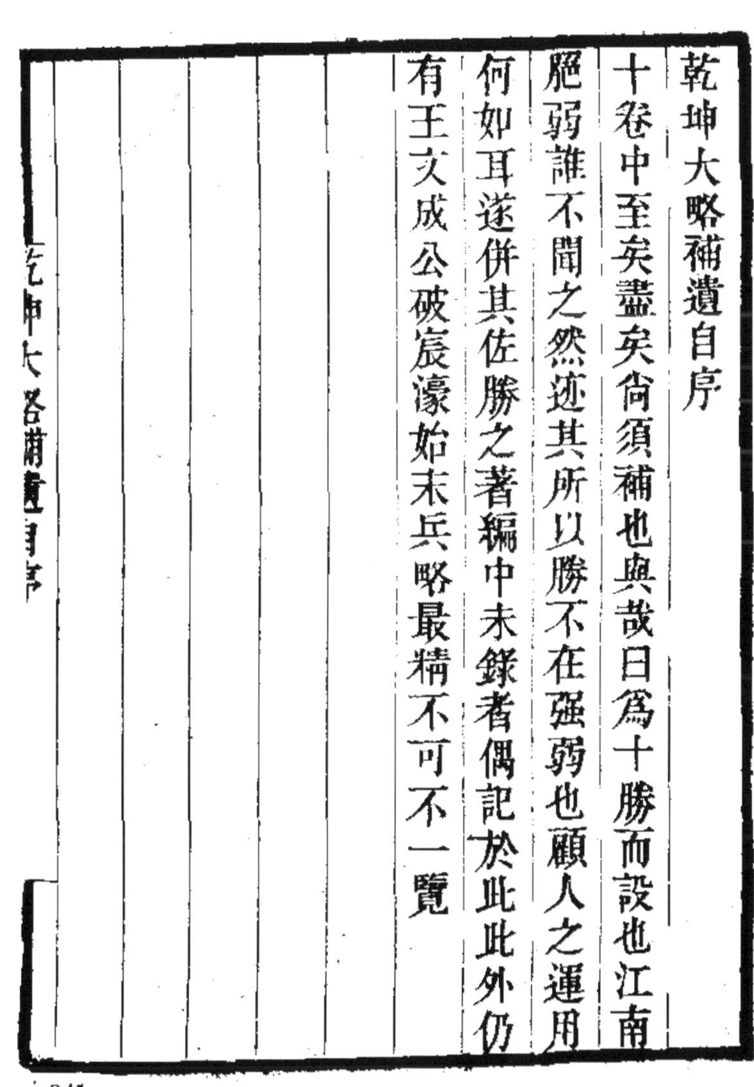

乾坤大略補遺自序

十卷中至矣盡矣尚須補也與哉曰爲十勝而設也江南脃弱誰不聞之然迹其所以勝不在强弱也顧人之運用何如耳遂倂其佐勝之著編中未錄者偶記於此此外仍有王文成公破宸濠始末兵略最精不可不一覽

乾坤大略補遺一卷

補遺

自吳以下國於江東者六朝周瑜有赤壁之勝祖逖有譙城之勝褚裒有彭城之勝桓溫有灞上之勝謝元有肥水之勝劉裕有關中之勝到彥之有淮南之勝蕭衍有義陽之勝陳慶之有洛陽之勝吳明徹有淮南之勝此十者皆起於江東之師以取勝中原

甘甯自黃祖亡奔孫權乃獻策曰今漢祚日衰曹操終為篡盜荊南形便誠國之西勢也甯觀劉表慮既不遠兒子又劣至尊當早圖之不可後曹圖之計宜先取黃祖祖今

昏耄已甚財穀并乏左右貪縱吏士心怨舟船戰具頓廢不修怠於耕農軍無法伍至尊今往其破可必一破祖軍鼓行而西據楚關大勢彌廣卽可漸規巴蜀矣權深納之

魯肅言於孫權曰荊州與國鄰接江山險固沃野千里士民殷富若據而有之此帝王之資也今劉表新亡二子不協軍中諸將各有彼此劉備天下梟雄與操有隙若與彼協心上下齊同則宜撫安與結盟好如有違離宜別圖之以濟大事肅請得奉命弔表二子并慰勞其軍中用事者及說備使撫表衆同心一意共治曹操備必喜而從命如其克諧天下可定也今不速往恐爲曹所先

孔明說昭烈曰今曹操已擁百萬之眾挾天子而令諸侯此誠不可與爭鋒孫權據有江東已歷三世國險而民附賢能為之用此可與為援而不可圖也荊州北據漢沔利盡南海東連吳會西通巴蜀此用武之國而其主不能守此殆天所以資將軍也益州險塞沃野千里天府之土劉璋闇弱張魯在北民殷國富而不知存恤智能之士思得明君將軍既帝室之冑信義著於四海若跨有荊益保其巖阻西和諸戎南撫夷越外結好孫權內修政理天下有變則命一上將將荊州之軍以向宛洛將軍自率益州之眾出於秦川百姓孰敢不簞食壺漿以迎將軍者乎誠如

是則霸業可成漢室可興矣

周瑜謂孫權曰操雖託名漢相實漢賊也將軍以神武雄才兼仗父兄之烈割據江東地方數千里兵精足用英雄樂業當橫行天下爲國家除殘去穢況操自送死而可迎之耶請爲將軍籌之今北土未平馬超韓遂爲操後患而操捨鞍馬仗舟楫與吳越爭衡又今盛寒馬無藁草驅中國士衆遠涉江湖之間不習水土必生疾病此數者用兵之患也而操皆冒行之將軍擒操宜在今日瑜請得精兵數萬進住夏口保爲將軍破之是夜瑜復見權曰諸人徒見操書言水軍八十萬而各恐懾甚無謂也今以實校之

彼所將中國人不過十五六萬且已久病所得表衆亦極七八萬耳尙懷狐疑夫以疾病之卒御狐疑之衆數雖多不足畏瑜得精兵五萬自足制之願將軍勿慮曹操旣破還瑜復見權曰今曹操旣敗方憂在腹心未能與將軍連兵相事也乞與奮威俱進取蜀而并張魯因留奮威固守其地與馬超結援瑜還與將軍據襄陽以蹙曹北方可圖也

瑜進與操遇於赤壁時操軍已有疾病初一交戰不利引次江北瑜等在南岸瑜將黃蓋曰今寇衆我寡難與持久操軍方連船艦首尾相接可燒而走也乃取蒙衝鬬艦十

艘載燥荻枯柴灌油其中裹以帷幕建以旌旗豫備走舸繫於船尾先以書遺操詐云欲降時東南風急蓋以十艘最著前中江舉帆餘船以次俱進操軍吏士皆出營立觀指言蓋降去北軍二里餘同時火發火烈風猛船往如箭燒盡北船延及岸上營落頃之煙燄漲天人馬燒溺死者甚眾瑜等率輕銳繼其後擂鼓大進北軍大潰操引軍走遇泥濘道不通悉使羸兵負草填之蹈藉甚眾劉備周瑜水陸並進追至南郡操軍損其大半操乃留曹仁守江陵樂進守襄陽引軍北還甘甯徑進取夷陵守之

祖逖將韓潛與後趙將桃豹分據東川故城相守四旬逖

以布囊盛土使千餘人運以餽潛又使數人擔米息於道
豹兵逐之卽棄而走豹兵又饑以爲逖士衆豐飽大懼後
趙運糧餽豹逖又使潛邀擊獲之豹宵遁逖使潛進屯封
邱以逼之逖鎭雍邱後趙鎭戍歸逖者甚衆先是李矩郭
默等互相攻擊逖馳使和解示以禍福遂皆受逖節度詔
加逖鎭西將軍逖與將士同甘苦約己務施勸課農桑撫
納新附雖疎賤者皆結以恩禮河上諸塢先有任子在後
趙者皆聽兩屬時遣游軍僞抄之明其未附塢主皆感泣
後趙有異謀輒密以告由是多所克獲自河以南皆叛後
趙歸晉逖練兵積穀爲取河北之計後趙王勒患之乃下

幽州爲遜修祖父墓置守冢二家因與遜書求通使及互市遜不報書而聽其互市收利十倍遜牙門童建降於後趙勒復斬送其首曰叛臣逃吏吾之深仇將軍惡猶吾惡也自是後趙人叛歸者遜皆不納禁諸將不使侵暴後趙之民邊境之間稍得休息

桓溫帥師伐秦統步騎四萬發江陵水軍自襄陽入均口至南鄉步兵自淅川趨武關命司馬勳出子午道夏四月溫遣別將攻上洛獲荆州刺史郭敬進擊青泥破之秦王健遣太子萇等率衆五萬拒溫戰於藍田秦兵大敗溫轉戰而前進至灞上萇等退屯城南健與老弱六千固守小

城悉發精兵三萬遣大司馬雷弱兒等與萇合以拒溫三輔郡縣皆來降溫撫慰諭居民使安堵復業民爭持牛酒迎勞男女夾道觀之耆老有垂泣者曰不圖今日復覩官軍北海王猛聞溫入關披褐詣之捫蝨而談當世之務旁若無人溫異之問曰吾奉天子之命將銳兵十萬爲百姓除殘賊而秦豪傑未有至者何也猛曰公不遠數千里深入敵境今長安咫尺而不渡灞水百姓未知公心所以不至溫嘿然無以應徐曰江東無卿比也乃署猛軍謀祭酒溫與秦丞相雄等戰於白鹿原溫軍不利死者萬餘人初溫指秦麥爲糧既而秦人悉芟麥清野以待之溫軍乏食

徙關中三千餘戶而歸欲與猛俱還猛辭不就萇等隨溫擊之比至潼關溫軍屢敗亡失以萬數苻雄擊司馬勳亦敗還漢中溫之屯灞上也順陽太守薛珍勸溫徑進逼長安溫弗從珍以偏師獨濟頗有所獲及溫退乃還顯言於眾自矜其勇而咎溫之持重

秦王堅遣長樂公丕將軍苟萇石越慕容垂等四道會攻襄陽桓沖在上明擁眾七萬憚秦兵不敢進丕欲急攻襄陽苟萇曰吾眾十倍於敵糗糧山積但稍遷漢沔之民於許洛塞其運道絕其援兵譬網中之禽何患不獲而多殺將士急求成功哉丕從之後朱序果以力屈被執

秦陽平公融等攻壽陽克之胡彬退保硤石融進攻之梁成等屯於洛澗柵淮以遏東兵謝石謝元等憚不敢進彬糧盡潛遣使告石等曰今賊盛糧盡恐不復見大軍秦人獲之送於融融馳吏白秦王堅曰賊少易擒但恐逃去宜速赴之堅乃留大軍於項城引輕騎八千兼道就融遣朱序來說石等不如速降序私謂石等曰若秦眾盡至誠難與爲敵今乘諸軍未集宜速擊之若敗其前鋒則彼已奪氣可遂破也十一月元遣廣陵相劉牢之帥精兵五千趨洛澗成阻洛澗爲陣以待之牢之直前渡水擊成大破之分兵斷其歸津秦步騎崩潰赴淮死者萬五千人於是石

等水陸俱進堅與融登壽陽城望之見晉兵部陣嚴整又望見八公山草木皆以爲晉兵顧謂融曰此亦勍敵何謂弱也憮然始有懼色秦兵逼淝水而陣元使謂融曰君懸軍深入而置陣逼水此乃持久之計非欲速戰者也若移陣少卻使我兵得渡以決勝負不亦善乎秦諸將皆曰彼衆我寡不如遏之使不得上可以萬全堅曰但使半渡我以鐵騎蹙而殺之蔑不勝矣融亦以爲然遂麾兵使卻秦兵遂退不可復止元等引兵渡水擊之融騎略陣欲以帥退者馬倒爲晉兵所殺秦兵遂潰

夏主勃勃破鮮卑薛干等三部降其衆以萬數進攻秦三

城以北諸戍斬秦將楊丕姚石生等諸將皆曰陛下欲經營關中宜先固根本使人心有所憑繫高平險固沃饒可以定都勃勃曰吾大業草創姚興亦一時之雄未可圖也今專固一城彼必并力於我亡可立待不如以驍騎風馳出其不意救前則擊後救後則擊前使彼疲於奔命我則游食自若不及十年嶺北河東盡爲我有待興既死嗣子暗弱徐取長安在吾計中矣於是侵掠嶺北諸城秦王興嘆曰吾不用黃兒之言以至於此

劉裕抗表伐南燕四月帥舟師自淮入泗五月至下邳留輜重步進至琅琊所過皆築城留兵守之或謂裕曰燕人若

塞大峴之險或堅壁清野大軍深入不唯無功將不能自
歸奈何裕曰吾慮之熟矣鮮卑貪婪不知遠計進利虜獲
退惜禾苗謂我孤軍深入不能持久不過進據臨朐退守
廣固必不能守險清野敢爲諸君保之南燕主超召羣臣
會議公孫五樓曰吳兵輕果利在速戰宜據大峴使不得
入曠日延時阻其銳氣然後徐簡精騎循海而南絕其糧
道敕段暉帥兗州之衆緣山東下腹背擊之此上策也各
命守宰依險自固校其資儲餘悉焚芟使敵無所得旬月
之間可以坐制此中策也縱賊入峴出城逆戰此下策也
超曰今歲星居齊以天道推之不戰自克客主勢殊以人

事言之彼遠來疲弊勢不能久奈何芟苗徙民先自蹙弱乎不如縱使入峴以精騎蹂之何憂不克桂林王鎮曰陛下必以騎兵利平地者宜出峴逆戰戰而不勝猶可退守不宜縱敵入峴自棄險固也超不從鎮出嘆曰既不能逆戰又不肯清野延敵入腹坐待攻圍酷似劉璋矣超聞之怒收鎮下獄裕過大峴燕兵不出裕舉手指天喜形於色左右曰公未見敵而先喜何也裕曰兵已過險士有必死之志餘糧棲畝人無匱乏之憂虜已入吾掌中矣六月裕至東莞超先遣五樓及段暉等將步騎五萬屯臨朐聞晉兵入峴自將步騎四萬往就之裕以車四千乘爲左右翼方

軌徐進與燕兵戰於臨朐南日向昃勝負未決參軍胡藩言於裕曰燕悉兵出戰臨朐城中留守必寡願以奇兵從間道取其城此韓信所以破趙也裕遣藩等潛師出燕兵後攻臨朐聲言輕兵自海道至超大驚單騎就暉於城南藩等遂克其城裕因縱兵奮擊大敗之斬暉等大將十餘人乘勝至廣固克其大城超退保小城裕築長圍守之撫納降附采拔賢俊因齊地糧儲停江淮漕運超遣張綱乞師於秦赦桂林王鎮以爲都督且問計焉鎮曰百姓之心繫於一人今陛下親將奔敗士民喪氣聞秦有內患恐不能救今散卒尚有數萬宜悉出金帛以餌之更決一戰若

天命助我必能破敵如其不然死亦為美樂浪王惠曰晉軍氣勢百倍我以敗卒當之不亦難乎秦與我脣齒也安得不來赴從惠計復遣韓范如秦裕圍城益急超請割地稱藩不許秦王興遣使謂裕曰今遣鐵騎十萬屯洛陽晉軍不還當長驅而進矣裕謂其使者曰語汝姚興我克燕之後息兵三年當取關洛今能自送便可速來劉穆之聞裕言尤之曰此語不足威敵適足以怒之若廣固未拔羌寇奄至奈何裕笑曰此正兵機非卿所解夫兵貴神速彼若審能赴救必畏我知寧容先遣信命逆設此言是自張大之辭耳晉師不出為日久矣羌見伐齊殆將內懼自保

不暇何能救人耶

劉裕謀伐蜀以朱齡石有武幹練吏職欲以爲元帥衆皆以齡石資名尚輕難當重任裕不從以齡石爲益州刺史率將軍臧熹蒯恩劉鍾等伐蜀熹裕之妻弟位居齡石之右亦使隸焉裕與齡石密謀曰往年劉敬宣出黃虎無功而還賊謂我今應從外水往而料我出不意猶從內水來也如此必以重兵守涪城以備內道若向黃虎正墮其計今以大衆自外水取成都疑兵出內水此制敵之奇也而慮此聲先馳賊審虛實別有函書付齡石署函邊曰至白帝乃開諸軍雖進而未知處分所由齡石等至白帝發函

書曰衆軍悉從外水取成都臧熹從中水取廣漢老弱乘高艦從內水向黃虎於是諸軍倍道兼行譙縱果使譙道福以重兵守涪城備內水齡石至平模去成都二百里縱遣侯暉來岸築城以拒之齡石謂劉鍾曰今賊已嚴兵固險攻之未必可拔且養銳以伺隙何如鍾曰不然前聲言大衆向內水道福不敢捨涪城今重兵猝至侯暉已破膽矣所以阻兵守險是其懼不敢戰也因而攻之其勢必克若緩兵相守彼將知我虛實涪軍忽來并力拒我求戰不獲軍食無資二萬餘人悉爲譙子虜矣齡石從之七月攻其北城克之斬侯暉南城亦潰於是捨舟步進賊望風奔

縱棄城出走齡石遂入成都誅縱宗親餘皆安堵使復其業縱去投道福不納乃縊死

劉裕將水軍自淮泗入清河將泝河西上先遣使假道於魏魏主嗣使羣臣議之皆曰潼關天險劉裕以水軍攻之甚難若登岸北侵其勢甚易裕聲言伐秦其志難測且秦婚姻之國不可不救宜發兵斷河上流勿令得西崔浩曰裕圖秦久矣今乘其危而伐之其志必取若遏其上流裕心忿戾必上岸北侵是我代秦受敵也今柔然寇邊民食又乏若復與裕為敵救南則北寇愈深救北則南州復危非良策也不若聽裕西上然後屯兵以塞其東使裕克捷

必德我之假道不捷吾不失救秦之名此策之得者也且
南北異俗借使國家棄恆山以南裕必不能以吳越之兵
守之安能爲吾患且夫爲國計者唯社稷是利豈顧一女
子乎嗣乃遣長孫嵩阿薄千等將兵十萬屯河北岸裕乃
引軍入河而使將軍向彌留碻磝魏人以數千騎緣河隨
裕軍西行船有漂渡北岸者輒爲魏人所殺掠裕遣軍擊
之輒走退則復來四月裕遣丁旿率仗士七百人車百乘
渡北岸去水百餘步爲卻月陣兩端抱河車置七仗士
事畢使豎一白毦裕先命超石戒嚴毦舉超石帥二千人
馳赴之魏人以三萬騎圍之四面肉薄弩不能制超石斷

矟千餘皆長三四尺以大鎚鎚之一矟輒洞貫三四人魏兵走潰斬其將阿薄干魏主乃悔不用崔浩之言

沈田子傅宏之入武關秦戍將皆委城走田子等進屯靑泥八月太尉裕至閿鄉秦主泓欲自將禦裕恐田子等襲其後欲先擊滅田子等然後傾國東出乃帥步騎數萬奄至靑泥田子本爲疑兵所領裁千餘人聞泓至欲擊之宏之以衆寡不敵止之田子曰兵貴用奇不必在衆今衆寡相懸勢不兩立若彼圍旣固則我無所逃矣不如乘其始至營陣未立而先薄之可以有功遂進兵秦兵合圍數重田子慰撫士卒曰諸軍遠來正求此戰死生一決封侯之

業於此在矣士卒皆踊躍鼓噪執短兵奮擊秦兵大敗斬萬餘級泓奔還灞上此條見三卷

劉裕至潼關王鎮惡請帥水軍自河入渭以趨長安裕許之秦主泓使姚丕守渭橋以拒之鎮惡泝渭而上乘蒙衝小艦行船者皆在艦內秦人但見艦進驚以爲神至渭橋鎮惡令軍士食畢皆持仗登岸後者斬既登即密使人解放艦渭水迅速倏忽不見乃諭士卒曰此爲長安北門去家萬里舟楫衣糧皆已隨流今進戰而勝則功名俱顯不勝則骸骨不返無他歧矣乃身先士卒衆騰踴爭先大破姚丕軍鎮惡入自平朔門泓將妻子降

夏王勃勃聞裕伐秦曰裕取關中必矣然不能久留必將南歸若留子弟及諸將守之吾取之如拾芥耳乃秣馬養士進據安定嶺北郡縣皆降及聞劉裕東還大喜召王買德問計買德曰關中形勝之地而裕以幼子守之狼狽而歸正欲急成篡事不暇復以中原爲意此天以關中賜我不可失也青泥上洛南北之險宜先遣游軍斷之東塞潼關絕其水陸之路然後傳檄三輔施以恩德則義眞在網罟之中不足取也勃勃乃遣子璝帥騎二萬向長安別將屯青泥及潼關而自將大軍爲後繼 此條見七卷

魏主侵齊至壽陽循淮而東民皆安堵租運屬路遂至鍾

離齊遣將崔慧景救之劉昶王肅眾號二十萬塹柵三重
并力攻義陽王廣之不敢進黃門侍郎蕭衍間道夜發徑
上賢首山魏人不敢逼黎明城中望見援軍遣長史王伯
瑜出攻魏柵因風縱火衍等自外擊之魏解圍走追擊破
之魏主欲築城置戍於淮南賜相州刺史高閭璽書問之
對曰昔世祖以回山倒海之威步騎數十萬南臨瓜步諸
郡盡降而盱眙小城攻之不克班師之日兵不戍一城士
不闢一廛夫豈無人以為大鎮未平不可守小故也夫壅
水者先塞其源伐木者先斷其本本源尚在而攻其末流
終無益也壽陽盱眙淮陰淮南之本源也三鎮未克其一

而留守孤城少置兵則不足以自固多置兵則糧運難通大軍既還士心孤怯夏水盛漲救援甚難以新擊舊以勞禦逸若果如此必爲敵擒天時尚熱雨水方降願陛下踵世祖之成規旋轅洛邑蓄力觀釁布德行化中國既和遠人自服矣魏主從之齊人據渚邀斷津路魏軍主奚康生縛筏積柴因風縱火依煙直進飛刀亂斫齊兵遂潰

梁領軍曹仲宗直閤陳慶之攻魏渦陽尋陽太守韋放將兵會之魏兵奄至放營未立麾下才二百人放免冑下馬據胡牀處分士皆殊死戰莫不一當百魏兵遂退魏又遣將軍元昭等帥衆五萬救渦陽前軍未至四十里慶之欲

逆戰放曰前鋒必輕銳不如勿擊待其來至慶之曰魏兵遠來疲倦去我尚遠必不見疑宜及其未集挫之乃帥麾下進擊破之遂與諸將連營而進

褚裒上表請伐趙即日戒嚴直指泗口朝議以裒任事貴重不宜深入宜先遣偏師裒奏言前已遣前鋒王頤之等經造彭城後遣督護麋嶷進據下邳今宜速發以成聲勢乃加裒征討大都督裒帥眾三萬徑赴彭城北方士民降附者日以千計朝野皆以中原指期可復蔡謨獨謂所親曰胡滅誠為大慶然恐更貽朝廷之憂其人曰何謂也謨曰夫能順天乘時濟羣生於艱難者非上聖與英雄不能

也其餘則莫若度德量力觀今日之事殆非時賢所及必將經營分表疲民以逞既而才略疏短不能副心財殫力竭智勇俱困安得不憂及朝廷平魯郡民五百餘家起兵附晉求援於裒裒遣部將王龕將銳卒迎之與趙將李農戰於代陂敗沒不還裒退屯廣陵陳逵亦焚壽春積聚毀城遁還裒還鎮京口時河北大亂遺民二十餘萬口渡河欲來歸附會裒已還威勢不接皆不能自拔死亡略盡

宋到彥之保東平魏攻宋金墉虎牢取之至是宋加檀道濟都督征討諸軍事帥眾伐魏魏叔孫建長孫道生濟河而南到彥之聞洛陽虎牢不守欲引兵還將軍垣護之以

書諫以爲宜使竺靈秀助朱修之守滑臺帥大軍進據河北彥之不從欲焚舟步走王仲德曰洛陽既陷虎牢不守自然之勢也虜去我尚千里滑臺尚有強兵若遽捨舟南走士卒必散彥之乃引兵自清河入濟南至歷城焚舟棄甲步趨彭城時兗青大亂長沙王義欣在彭城將佐皆勸委鎮還都義欣不從魏攻濟南太守蕭承之曰今懸守窮城事已危急若復示弱必爲所屠唯當見強以待之耳魏人疑有伏兵遂引去

陳主謀伐齊公卿各有異同唯明徹決策請行故用之輒有功初尉破胡之出師也王琳謂曰吳兵甚銳宜以長策

制之甚勿輕鬪破胡不從而敗齊乃使琳赴壽陽召募以
拒陳瓦梁盧江歷陽合肥皆降於陳法氍禁侵掠撫戍卒
與之盟而縱之高唐齊昌瓜步胡墅等城亦降於陳
葛榮引兵圍鄴眾號百萬爾朱榮帥精騎七千馬皆有副
倍道兼行東出滏口以侯景爲前驅葛榮曰此易與耳自
鄴以北列陣數十里箕張而進爾朱榮潛軍山谷爲奇兵
分督將已上三人爲一處處有數百騎揚塵鼓噪使賊不
測多少又以人馬逼逐刀不如棒勒軍士各置袖棒一枚
置馬側至戰時慮廢騰逐不聽斬級以棒棒之而已分命
壯勇所向衝突號令嚴明表裏合擊大破之擒葛榮餘眾

悉降。

乾坤大略補遺一卷終

國家圖書館出版品預行編目資料

兵謀兵法／（清）魏禧著；李浴日選輯. -- 初版. --
新北市：華夏出版有限公司, 2022.04
面； 公分. -- (中國兵學大系；09)
ISBN 978-986-0799-43-9(平裝)
1.兵法 2.中國

592.097 110014487

中國兵學大系 009
兵謀兵法

著 作 （清）魏禧
選 輯 李浴日
印 刷 百通科技股份有限公司
電話：02-86926066 傳真：02-86926016
出 版 華夏出版有限公司
220 新北市板橋區縣民大道 3 段 93 巷 30 弄 25 號 1 樓
電話：02-32343788 傳真：02-22234544
E-mail： pftwsdom@ms7.hinet.net
總 經 銷 貿騰發賣股份有限公司
新北市 235 中和區立德街 136 號 6 樓
電話：02-82275988 傳真：02-82275989
網址：www.namode.com
版 次 2022 年 4 月初版一刷
特 價 新臺幣 580 元 (缺頁或破損的書，請寄回更換)

ISBN-13：978-986-0799-43-9